Ramses Sivira

Restitution de profils verticaux d'humidité relative

Ramsés Sivira

Restitution de profils verticaux d'humidité relative

Une approche avec le satellite Megha-Tropiques

Presses Académiques Francophones

Impressum / Mentions légales

Bibliografische Information der Deutschen Nationalbibliothek: Die Deutsche Nationalbibliothek verzeichnet diese Publikation in der Deutschen Nationalbibliografie; detaillierte bibliografische Daten sind im Internet über http://dnb.d-nb.de abrufbar.

Information bibliographique publiée par la Deutsche Nationalbibliothek: La Deutsche Nationalbibliothek inscrit cette publication à la Deutsche Nationalbibliografie; des données bibliographiques détaillées sont disponibles sur internet à l'adresse http://dnb.d-nb.de.

Coverbild / Photo de couverture: www.ingimage.com

Verlag / Editeur:
Presses Académiques Francophones
ist ein Imprint der / est une marque déposée de
OmniScriptum GmbH & Co. KG
Heinrich-Böcking-Str. 6-8, 66121 Saarbrücken, Deutschland / Allemagne
Email: info@presses-academiques.com

Herstellung: siehe letzte Seite /
Impression: voir la dernière page
ISBN: 978-3-8381-7183-8

Université Pierre et Marie Curie

Sciences de l'environnement

Laboratoire Atmosphères, Milieux, Observations Spatiales (LATMOS)

Exploitation des mesures "vapeur d'eau" du satellite Megha-Tropiques pour l'élaboration d'un algorithme de restitution de profils associés aux fonctions de densité de probabilité de l'erreur conditionnelle.

Par Ramsés Gregorio Sivira Figueroa

Thèse de doctorat de

Méthodes de Restitution Statistique et Apprentissage Automatique

Dirigée par: Cécile Mallet et Hélène Brogniez

Présentée et soutenue publiquement le 16/12/2013

Devant un jury composé de :

Picon, Laurence	Pr	Présidente du jury
Karbou, Fatima	CR	Rapporteur
Fussen, Didier	Pr	Rapporteur
Oussar, Yacine	Pr	Examinateur
Roca, Remy	DR	Examinateur
Mallet, Cécile	MdC	Directrice de Thèse
Brogniez, Hélène	MdC	Co-directrice de Thèse

Dédicace

A Dios, fuente de todo lo que existe.

A Irma Sanchez, que me aconsejó como a su hijo mayor y que ahora me inspira.

A mi familia, que siempre me apoya y está en mi corazón.

Remerciements

Ce travail de thèse a été réalisé au sein du Laboratoire Atmosphères, Milieux, Observations Spatiales (LATMOS) avec le soutien financier de l'Université Pierre et Marie Curie (UPMC) et de l'Institut National des Sciences de l'Univers (INSU).

Je tiens à remercier de tout mon cœur à mon épouse Mayerling Sivira qui a su m'encourager à chaque projet que je me propose.

Je tiens à remercier très chaleureusement ma directrice de thèse Cécile Mallet pour son soutien permanent, son enthousiasme, sa cordialité et patience tout au long de ma thèse et pour son souci constant de l'avancement de mes travaux. Elle a toujours su me conseiller et m'aider.

Je tiens également à exprimer ma plus profonde reconnaissance à ma co-directrice de thèse Hélène Brogniez qui a suivi mes travaux avec patience et qui m'a apporté des connaissances indispensables dans la thématique atmosphérique.

Le présent travail est le résultat de collaborations directes et indirectes avec plusieurs personnes avec qui j'ai beaucoup appris. J'aimerais d'abord vivement remercier Yacine Oussar qui m'a beaucoup aidé en fournissant généreusement ses connaissances sur des modèles d'apprentissage et également beaucoup de son temps comme co-auteur de notre article.

Je remercie Fatima Karbou et Didier Fussen, rapporteurs de cette thèse, pour avoir accepté et ses remarques.

Je remercie vivement Laurence Picon et Rémy Roca pour avoir suivi, dés le début, mon travail et aussi pour avoir participé en chaque étape, comme les comités de thèse et conférences, y compris ma soutenance.

Enfin, je tiens à exprimer mes meilleurs sentiments vis-à-vis de Danièle Hauser, Valérie Fleury, Gaëlle Clain, Christophe Dufour, Caroline Guerin, Yann Delcambre et l'ensemble du personnel administrative et du département SPACE avec qui j'ai pu avoir des échanges cordiaux et chaleureux.

Résumé

La place de la vapeur d'eau est centrale dans le système climatique : à l'échelle globale, elle participe à la redistribution de l'excédent d'énergie des régions tropicales vers les régions polaires via les grandes cellules de circulation, à méso-échelle elle participe au développement (maturation, dissipation) des systèmes nuageux, précipitants ou non, et à plus petite échelle, ce sont les lois de la thermodynamique humide qui régissent la microphysique de ces nuages. Finalement c'est le plus abondant des gaz à effet de serre qui est au centre d'une boucle de rétroaction fortement positive.

La mission satellite Megha-Tropiques a été conçue pour améliorer la documentation du cycle de l'eau et de l'énergie des régions tropicales, via notamment trois instruments : deux radiomètres microondes MADRAS (un imageur) et SAPHIR (un sondeur) respectivement dédiés à l'observation des précipitations (liquides et glacées) et de l'humidité relative atmosphérique, et un radiomètre multi-spectral ScaRaB pour la mesure des flux radiatifs au sommet de l'atmosphère dans le bilan de l'eau et l'énergie de l'atmosphère tropicale et décrire l'évolution de ces systèmes. Les caractéristiques des instruments embarqués permettraient une résolution étendue autours de la raie à 183 GHz du spectre microonde, qui permet de sonder le contenu en vapeur d'eau même en présence des nuages convectifs.

Afin de construire une base d'apprentissage où les valeurs d'entrée et sortie soient parfaitement colocalisées et qui, en même temps, soit représentative du problème à modéliser, une large base de radiosondages obtenus par ciel claire et couvrant la bande tropicale (±30° en latitude) sur la période 1990-2008 a été exploitée en parallèle à un modèle de transfert radiatif pour l'obtention des températures de brillance simulées des deux radiomètres. Nous avons mis au point une méthodologie qui nous a permis de développer un algorithme de restitution des profils de vapeur d'eau à partir des observations SAPHIR et MADRAS, et surtout de quantifier l'incertitude conditionnelle d'estimation. L'approche s'est orientée vers l'exploitation des méthodes purement statistiques de restitution des profils afin d'extraire le maximum d'information issues des observations, sans utiliser d'information complémentaire sur la structure thermodynamique de l'atmosphère ou des profils a priori, pour se concentrer sur les diverses restrictions du problème inverse. Trois modèles statistiques ont été optimisés sur ces données d'apprentissage pour l'estimation des profils sur 7 couches de la troposphère, un réseaux de neurones (modèle perceptron multicouches), le modèle additif généralisé et le modèle de machines à vecteur de support (Least Square-Support Vector Machines), et deux hypothèses de modélisation de la fonction de distribution de la probabilité (pdf) de l'erreur conditionnelle sur chacune des couches ont été testées, l'hypothèse Gaussienne (HG) et le mélange de deux distributions Gaussiennes (M2G). L'effort porté sur l'optimisation des modèles statistiques a permis de démontrer que les comportements des trois modèles d'estimation sont semblables, ce qui nous permet de dire que la restitution est indépendante de l'approche utilisée et qu'elle est directement reliée aux contraintes physiques du problème posé. Ainsi, le maximum de précision pour la restitution des profils verticaux d'humidité relative est obtenu aux couches situées dans la moyenne troposphère (biais maximum de 2,2% et coefficient de corrélation minimum de 0,87 pour l'erreur d'estimation) tandis que la précision se dégrade aux extrêmes de la troposphère (à la surface et proche de la tropopause, avec toutefois un biais maximale de 6,92% associé à une forte dispersion pour un coefficient de corrélation maximum de 0,58 pour l'erreur d'estimation), ce qui est expliqué par le contenu en information des mesures simulées utilisées. A partir de la densité de probabilité de l'erreur, connaissant les températures de brillance observées, des intervalles de confiance conditionnels de l'humidité de chacune de couches de l'atmosphère ont été estimés.

Les algorithmes d'inversion développés ont été appliqués sur des données réelles issues de la campagne "vapeur d'eau" de validation Megha-Tropiques de l'été 2012 à Ouagadougou qui a permis d'obtenir des mesures par radiosondages coïncidentes avec les passages du satellite. Après prise en compte de l'angle de visée, des incertitudes liées à l'étalonnage de SAPHIR et des erreurs associées à la mesure in situ, l'exploitation de ces données a révélé un comportement semblable aux données de l'apprentissage, avec une bonne performance (biais de 4,55% et coefficient de corrélation de 0,874 sur l'erreur d'estimation) en moyenne troposphère et une dégradation aux extrêmes de la colonne atmosphérique (biais de -4,81% et coefficient de corrélation de 0,419). L'application systématique sur l'ensemble des mesures réalisées par SAPHIR permettra donc mener des études de la variabilité de la vapeur d'eau tropicale en tenant compte des intervalles de confiance associés à la restitution.

Abstract

Water vapor has a central role in climatic systems: in a global scope, water vapor is important to energy distribution from tropical zones to polar regions via circulation cells; at mesoscale it participates to cloud systems development, precipitating or not, and in the lowest scale wet thermodynamic laws are the kernel of the clouds microphysics. Finally, water vapor is the most abundant greenhouse gas which is the key in the positive feedback phenomenon.

The Megha-Tropiques mission was conceived to ameliorate the tropical water vapor cycle documentation and also the energy budget, through its three instruments: two microwave radiometers (MADRAS, an imager and SAPHIR, a sounder) dedicated to rain (liquid and iced ones) and atmospheric water vapor observations respectively; and a multispectral radiometer (ScaRaB)dedicated to radiative flux measurements at the top of the atmosphere with the aim to tropical water vapor and energy budget to describe this tropical systems evolution, it is composed by two microwaves radiometers. The payload characteristics allow, theoretically, an enhanced resolution around 183 GHz of microwave spectra, and soundings in presence of convective clouds.

With the aim to build a learning database with correlated and also representative to problem data, an important tropical clear sky radiosoundings database was built for the 1990-2008 period to be coupled to a radiative transfer model to obtain synthetic brightness temperatures of two radiometers. We designed a methodology that allows us to develop a water vapor profile restitution algorithm from SAPHIR and MADRAS observations, and specially to quantify the restitution of conditional uncertainties. The approach was oriented to purely statistic restitution methods with the aim to extract the maximum information, without complementary information of the atmosphere thermodynamic structure or a priori profiles, to focus on inverse problem restrictions. Three statistical models were optimized using this learning database to estimate seven layers tropospheric water vapor profiles, a neural network (MLP), the generalized additive model and the support vector machines, and two conditional error pdf modeling hypothesis were tested, a Gaussian hypothesis (HG) and a two mixed Gaussian model (M2G). The optimized models are shown similar behaviors, which lead us to conclude that we obtain a model-independency restitution accuracy and this accuracy is directly related to physical constraints. Also, maximal precision was achieved in mid-tropospheric layers (maximal bias: 2.2% and maximal correlation coefficient: 0.87 in errors restitutions) while extreme layers show degraded precision values (at surface and the top of the troposphere, maximal bias: 6.92 associated to a fort dispersion with correlation coefficient: 0.58), this behavior could be explained by instrumental information contents. From conditional error probability functions, knowing observed brightness temperatures, humidity confidence intervals were estimated by each layer. The two hypotheses were tested and we obtained better results from the Gaussian Hypothesis.

This methodology was tested using real data from Megha-Tropiques "water vapor" validation campaign in summer 2012 at Ouagadougou, which gave us radiosoundings measurements colocalized with satellite observations. Taking into account the incidence angle, SAPHIR calibration uncertainties and in-situ associated errors from measurement, results are consistent with the learning database with better accuracy (bias: 4.55% and correlation coefficient: 0.874 for error estimations) at mid-tropospheric layers, degrading it to extreme layers (bias: -4.81% and correlation coefficient: 0.491). Systematic application to SAPHIR observations could lead to tropical water vapor variability studies using theirs associated intervals confidence.

Table des matières

Chapitre I
Introduction

1. La place de la vapeur d'eau dans le climat

La vapeur d'eau dans l'atmosphère présente une forte variabilité et, une vision générale de cette distribution peut commencer dans la bande tropicale. Dans cette zone, la terre reçoit l'essentiel du rayonnement provenant du soleil et, par conséquent, la production de la vapeur d'eau est plus importante: l'atmosphère chaude et humide aux basses couches est moins dense et commence à gagner en altitude en produisant les grands nuages convectifs qui sont associés aux grandes précipitations tropicales, comme celles caractérisant les moussons indiennes et africaines. Ce processus est symétrique par rapport à l'équateur, limité à ±30° en latitude, et forme les cellules de Hadley [Pierrehumbert et al. (2007)]. Des cellules semblables se forment dans les latitudes moyennes (cellules de Ferrel) et également dans les zones polaires. La Figure 1 nous montre un schéma général montrant cette circulation en cellules. La figure montre aussi la zone de convergence intertropicale, qui est le lieu de rencontre en surface des deux cellules de Hadley.

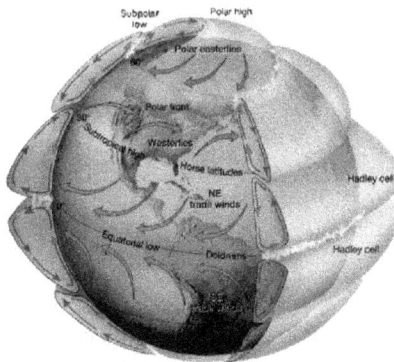

Figure 1: Schéma général des Cellules de Hadley en montrant aussi
la zone de convergence intertropicale (EarthLabs:Hurricanes)

Aussi, la bande tropicale est la région du globe où apparaissent les échanges d'énergie les plus importants : échanges radiatifs, échanges de chaleur latente et transport de constituants et d'énergie au travers de nombreux processus dynamiques. Ainsi, une bonne connaissance du contenu en vapeur d'eau dans les tropiques est nécessaire à la prévision des changements de phase et des précipitations qui en découlent, indispensables pour les populations de ces régions et pour comprendre les processus sous-jacents qui influencent le climat de la planète.

D'autre part la vapeur d'eau est le principal gaz à effet de serre. Bien plus abondante que le gaz carbonique, la vapeur d'eau n'est pas à l'origine du réchauffement climatique mais a un effet amplificateur important. La présence de vapeur d'eau dans l'atmosphère implique une augmentation de l'absorption du rayonnement infrarouge émis par le système climatique qui conduit à une augmentation de la température de surface (principe de l'effet de serre). Cette augmentation permet à l'atmosphère de contenir une quantité plus importante de vapeur d'eau, en suivant la relation de Clausius-Clapeyron, et contribue ainsi à augmenter l'absorption du rayonnement infrarouge. Cet effet est appelé "Rétroaction Positive" et il joue un rôle important dans le développement des processus climatiques et les échanges d'énergie de la planète ([Held & Soden (2000)], [Sherwood et al. (2010)], [Roca (2011)]). L'effet de rétroaction positive de la vapeur d'eau atmosphérique a été étudié par la communauté scientifique du fait de son importance pour le changement climatique et on a observé un comportement hétérogène : comme le montre la Figure 2 la rétroaction positive est spécialement forte dans la zone intertropicale et plus particulièrement aux moyennes et hautes altitudes.

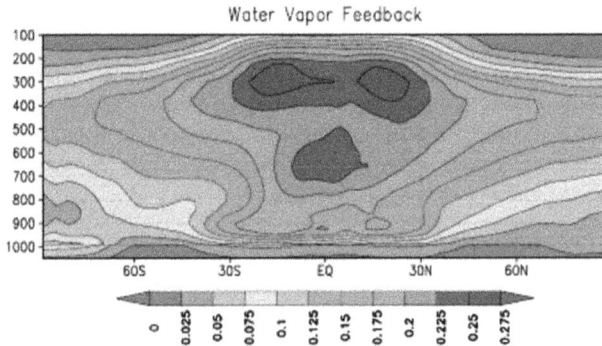

Figure 2: Moyenne zonale annuelle (1987) de l'intensité de la rétroaction positive pour la vapeur d'eau atmosphérique issue du modèle climatique du Geophysical Fluid Dynamics Laboratory (GFDL) [Soden & Held (2006)]

Finalement, la distribution spatiale du champ de vapeur d'eau atmosphérique est hétérogène ([Held & Soden (2000)], [Roca et al. (2010)], [Sherwood et al. (2010)]) et fortement variable en temps. La Figure 3, qui est issue d'une analyse du modèle ECMWF, montre des zones très humides à la surface (la zone de convergence intertropicale et autour des cellules polaires) tandis qu'aux altitudes moyennes (entre 200 hPa et 600 hPa) et proche de 30° en latitude nous trouvons deux zones très sèches (où se trouvent les grands déserts comme le Sahara, Atacama, Sonora, le Grand désert de Victoria, etc).

En analysant les caractéristiques décrites précédemment, on peut comprendre la taille du défis que représente l'étude de la vapeur d'eau atmosphérique : c'est donc une composante du système très variable selon les quatre dimensions (altitude, latitude, longitude et temps) et les processus dans lesquelles elle est impliquée, depuis les échelles locales jusqu'aux échelles synoptiques influencent le climat, l'hydrologie, et ainsi l'économie et la démographie des pays entre autres. La zone intertropicale est particulièrement importante pour la vapeur d'eau, les échanges d'énergie et la dynamique du changement climatique ; en conséquence, afin de mieux comprendre et pouvoir modéliser le plus précisément possible ces processus il est impératif d'obtenir des observations à une grande échelle et avec une fréquence importante.

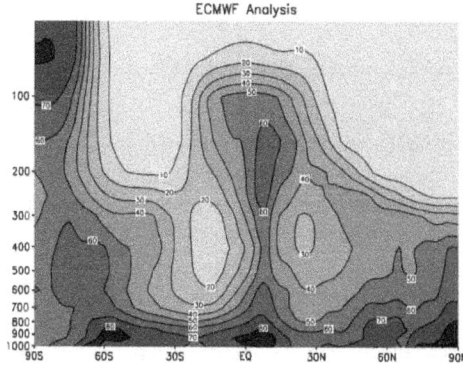

Figure 3: Moyenne zonale d'humidité relative pour juillet 2007 issue des analyses du European Centre for Medium-Range Weather Forecasts (ECMWF) [Held & Soden (2000)]

Dans ce contexte de besoins d'amélioration de la résolution temporelle des mesures du cycle d'eau, la mission Megha-Tropiques prend toute sa place (http://meghatropiques.ipsl.polytechnique.fr). Ce satellite franco-indien est destiné à l'étude de l'atmosphère tropicale, et plus particulièrement à l'analyse du cycle de l'eau à travers le transport et la distribution de la vapeur d'eau, l'étude du cycle de vie des systèmes convectifs et les échanges d'énergie. Ainsi, le premier objectif de cette mission est de collecter les paramètres géophysiques relatifs au cycle de l'eau dans l'atmosphère (contenus en eau et glace des nuages et des précipitations, vapeur d'eau atmosphérique, flux radiatifs) avec une bonne répartition temporelle et une bonne couverture des latitudes tropicales.

2. Les différents moyens de mesure de la vapeur d'eau

On distingue différentes approches dans l'observation de la vapeur d'eau pour étudier sa distribution et sa variabilité:

♦ Les mesures directes, qui sont basées sur une caractérisation in situ d'une masse d'air
♦ Les mesures indirectes, qui visent à l'interprétation des interactions entre le rayonnement (proche infrarouge, infrarouge thermique, microonde) et la vapeur d'eau et sur la résolution d'un problème inverse.

2.1.Mesures directes

2.1.1. Les mesures directes effectuées au sol par les stations météorologiques.

L'humidité relative est mesurée en continu par les milliers des stations d'observation qui font des mesures à la surface en utilisant différentes techniques comme l'hygronométrie gravimétrique, les méthodes de condensation, la psychrométrie, etc. Ce type d'observations permet un suivi temporel de la vapeur d'eau au niveau du sol [Wexler (1965)], utilisés principalement pour la prévision météorologique [Bergot (1993)] mais aussi pour des études long-terme [Buda et al. (2005)] et micro-échelle [Rider (1954)].

2.1.2. Les mesures en altitude réalisées à partir de radiosondages

Depuis 1958, les radiosondages sont utilisés pour mesurer l'humidité relative entre la surface et la haute atmosphère. Les radiosondages permettent d'observer la structure verticale de l'atmosphère avec une précision variable selon le type de sonde ([Gaffen et al. (1991)], [Miloshevich et al. (2001)]). Les sondes les plus précises ont une incertitude moyenne en humidité relative supérieure à 5% en haute troposphère et de 2% pour la basse troposphère après une correction des facteurs les plus fréquents et connus [Immler et al. (2010)]. En raison de leur précision et de la haute résolution temporelle des mesures du champ de vapeur d'eau lors de l'ascension de la sonde (inférieure à 0.5 secondes pour les radiosondes Vaïsala RS92-D), les mesures par radiosondage sont indispensables à l'étude des profils verticaux de vapeur d'eau. Il s'agit cependant de mesures ponctuelles qui ne permettent pas d'accéder au comportement global du champ de vapeur d'eau. Elles sont généralement réalisées aux heures synoptiques (00, 06, 12 et 18 heures) afin d'être assimilées par les modèles de prévision numérique du temps. La Figure 4 montre la répartition géographique en 2003 des stations actives, répertoriées par le réseau IGRA (Integrated Global Radiosonde Archive, National Climatic Data Center, États-Unis), réseau qui recense tous les radiosondages enregistrés dans le GTS (Global Telecommunications System). Dans certaines régions du globe, leur densité spatiale est telle que les radiosondages assurent une bonne couverture et donc une bonne observation de la variabilité spatiale, tant horizontale que verticale, mais cette figure révèle aussi l'hétérogénéité de la couverture spatiale, spécifiquement dans la zone intertropicale qui empêche d'avoir des analyses météo de qualité dans cette zone si importante.

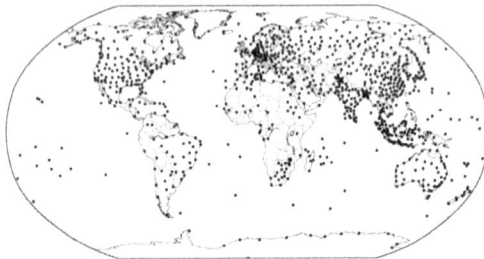

Figure 4: Distribution géographique des stations IGRA actives en 2003 (http://www.ncdc.noaa.gov/oa/climate/igra)

2.1.3. Les systèmes aéroportés

L'humidité est mesurée quotidiennement par des avions commerciaux, pour la recherche, l'opérationnel (eg. surveillance des ouragans) et les modèles de prévision numérique du temps (PNT). Les observations par instruments aéroportés ont commencé en 1994 avec le projet "Measurements of Ozone and Water Vapour by Airbus In-Service Aircraft" (MOZAIC) [Luo et al. (2007)] qui a notamment permis d'améliorer la compréhension de la variabilité aux échelles varies dans les zones de l'Atlantique tropical, l'Afrique tropicale et la zone de la mousson Asiatique pendant dix ans (1994-2004).

2.2. Mesures indirectes

Quand on calcule la valeur d'une variable à partir d'une autre en utilisant une loi quelconque (plus ou moins complexe, déterministe ou probabiliste, etc.) on est en présence d'une procédure de mesure indirecte. Dans le cadre présent, la mesure indirecte de la vapeur d'eau atmosphérique repose sur l'interaction entre la molécule d'eau et un rayonnement particulier dont la longueur d'onde est connue. Si ce rayonnement est indépendant de l'instrument qui fait la mesure on parle de mesure indirecte passive (ou télédétection passive), sinon c'est une mesure indirecte active (ou télédétection active). Le mot "télédétection" nous présente une facette intéressante de la mesure indirecte: l'instrument n'est pas en contact direct avec l'objet et grâce à cette caractéristique nous pouvons obtenir, par exemple, des mesures de la vapeur d'eau atmosphérique depuis le sol ou depuis l'espace aussi bien au dessus des continents que des océans.

2.2.1. Les mesures indirectes depuis le sol

Les spectromètres solaires qui mesurent le spectre d'absorption de la vapeur d'eau en utilisant la lumière du soleil, les radars qui analysent la rétrodiffusion d'une source pour estimer la variable cible, les lidars qui utilisent la même technique que les radars avec une source laser et l'analyse du retard du signal émise par les satellites de positionnement globale (GPS) sont des mesures indirectes depuis le sol. On peut considérer quelques exemples des mesures indirectes depuis le sol comme le "Synthetic Aperture Radar" (SAR) qui est un radar qui utilise un signal dans le domaine microonde ou comme le "Lidar Atmospheric Sensing Experiment" (LASE, http://asd-www.larc.nasa.gov/lase/ASDlase.html) qui est un exemple de l'utilisation de la technique lidar pour la restitution des profils de vapeur d'eau ou encore le "Major Research Instrumentation" (MRI) qui a utilisé un lidar pour comparer les mesures des profils de vapeur d'eau troposphérique avec des autres sources [Sakai et al. (2007)].

Les instruments actifs ont le même inconvénient que les mesures directes, à savoir, une mauvaise couverture spatiale. Par exemple, la Figure 5 nous montre la distribution globale des stations GPS et nous pouvons observer l'hétérogénéité de sa couverture spatiale, qui peut varier de zones très denses (Europe, Japon, les zones côtières du États Unis) à une couverture inexistante (Afrique Centrale, la Russie, l'Amérique du Sud). Ce type d'observation n'est pas adapté à l'observation au dessus des surfaces océaniques.

16

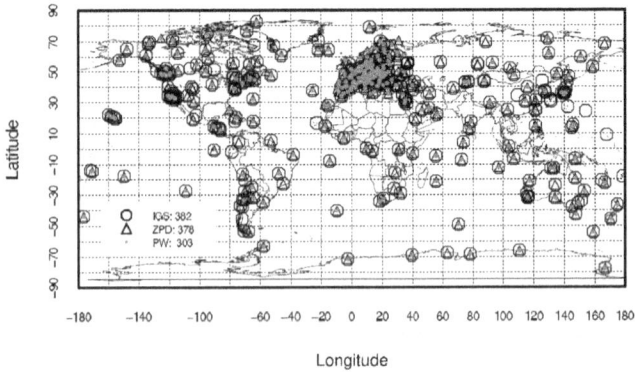

Figure 5: Distribution globale des stations IGS (International GPS Service) en 10/02/2006 [Wang et al. (2007)].

2.2.2. Les mesures indirectes depuis l'espace

La télédétection spatiale a deux caractéristiques importantes : son altitude, qui permet d'observer vastes zones du système terre-atmosphère et sa vitesse, due à l'absence d'atmosphère, l'effet de la friction est minimal et permet à l'instrument d'atteindre la vitesse nécessaire pour faire le tour à la Terre plusieurs fois par jour. La combinaison distance-vitesse est la clé de l'observation par satellite car grâce à elle il est possible de faire des mesures de toute la planète avec une fréquence telle quelle permet d'observer les phénomènes à grande échelle et d'en faire un suivi temporel pour analyser aussi leurs comportements. Il faut distinguer deux familles de satellites météorologiques : les défilants et les géostationnaires, et deux familles de capteurs : visible/Infrarouge (IR) et micro ondes.

L'orbite des satellites géostationnaires est située dans le plan de l'équateur à près de 36 000 km d'altitude et la période de chaque révolution est de 23 heures et 56 minutes, qui permet d'obtenir la même vitesse angulaire que la Terre et leur position est ainsi fixe par rapport à la Terre. C'est ce qui permet d'observer en continu une zone en particulier. Actuellement, sept satellites météorologiques géostationnaires sont opérationnels autour de la terre: la famille des Satellites Météorologiques Européens (Meteosat), celle de l'Institut National des Sciences Appliquées et de Technologie indien (INSAT), le "Geostationary Meteorological Satellite" japonais (GMS), les "Geostationary Operational Environmental Satellite" américains (GOES Ouest et Est) et les "Geostationary Operational Meteorological Satellite" (GOMS) qui est le fruit d'une coopération Russo-chinoise. Ces satellites d'observation météorologiques sont dotés de radiomètres-imageurs et sondeurs qui mesurent le rayonnement naturel de la Terre (appelé luminance) dans des bandes spectrales particulières des domaines visibles et IR sensibles aux variables thermodynamiques. En particulier, la bande dite "vapeur d'eau" centrée à 6,3 μm est une bande spectrale de forte absorption du rayonnement par la vapeur d'eau ([McDonald (1960)], [Picon & Desbois (1990)], [Morel et al. (1978)]). Ce canal fournit une image complète (à l'exception des régions polaires) du champ de vapeur d'eau dans la troposphère moyenne avec une résolution spatiale au nadir de 5 km.

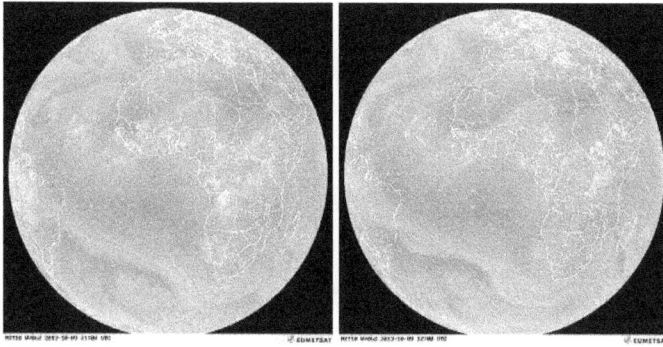

Figure 6: Images du satellite METEOSAT du 09/10/2013 entre 12h et 21h, il est possible d'observer l'évolution du champ de vapeur d'eau océanique (à l'est de l'Argentine et d'États Unis) et continentale (Formations dans l'Afrique Centrale)

Les observations de cette nature, disponibles depuis plus de 20 ans, permettent de réaliser des études sur l'évolution de la vapeur d'eau de l'échelle journalière (cycle diurne) à l'échelle décennale ([Rodriguez et al. (2011)], [Carn et al. (2008)], [Brogniez et al. (2009)]). Cependant ce type de capteur ne peut fournir des informations qu'en l'absence de nuages ([Gao & Goetz (1990)], [Brogniez & Pierrehumbert (2006)]).

Afin de compléter l'information des satellites géostationnaires, les satellites météorologiques polaires (les constellations MetOp en Europe, NOAA aux États Unis, Meteor et RESURS en Russie) orbitent autour de la Terre sur une orbite héliosynchrone quasi circulaire à une altitude proche de 800 km et selon une trajectoire passant près des pôles. Beaucoup plus proches de la Terre, ces satellites permettent une observation plus détaillée mais avec une répétitivité temporelle beaucoup moins bonne que les satellites géostationnaires puisqu'ils n'observent pas continuellement la même surface terrestre. MetOp par exemple effectue 14 fois le tour de la terre chaque jour et ne passe au-dessus du même point du globe que tous les 29 jours; par contre, il est possible de surmonter cette difficulté et d'augmenter la couverture spatiale par l'utilisation de plusieurs satellites mais cette procédure entraine des problèmes de redondance et compatibilité. Ces satellites météorologiques permettent l'observation de l'humidité, grâce à des instruments capables de sonder l'atmosphère à travers toute son épaisseur. Les radiomètres-sondeurs IR (comme le "High Resolution Infrared Sounder" (HIRS) sur la plateforme NOAA et le "Atmospheric Infrared Sounder" (AIRS)) possèdent un grand nombre de canaux (20 canaux pour le HIRS/4, donc 12 canaux entre 6,7µm et 15µm), ce qui permet d'analyser finement la répartition du rayonnement selon la longueur d'onde. A partir de ces observations, on peut déduire les profils verticaux de l'humidité dans l'atmosphère [King et al. (2003)]. Spéciale mention mérite l'interféromètre IASI (Interféromètre Atmosphérique de Sondage par l'Infrarouge) de MetOp qui possède 8000 canaux IR ce qui augmente la précision des mesures [Aires et al. (2002)]. La Figure 7 montre une composition des estimations du contenu total en humidité spécifique située entre 0 et 10 km et moyennée sur dix jours. Cette image nous montre que le sondage autour d'une raie d'absorption permet d'estimer le contenu en vapeur d'eau à certaines altitudes, par contre, le sondage infrarouge est limité à des situations atmosphériques de ciel clair.

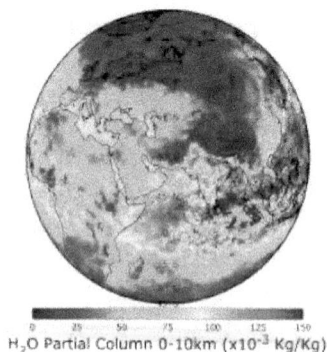

H₂O Partial Column 0-10km (x10⁻³ Kg/Kg)

Figure 7: Moyenne des estimations calculée sur dix jours (18-28 août 2008) pour le contenu partiale en humidité spécifique entre 0 et 10 km d'altitude avec l'instrument IASI.

Les fréquences microondes sont quant à elles moins affectées par la couverture nuageuse et apportent une nouvelle méthode d'observation. Le "Special Sensor Microwave Imager" (SSMI) est opérationnel depuis 1988 et le TOPEX/Poseidon Microwave Imager depuis 1992. Ces imageurs peuvent estimer le contenu total en vapeur d'eau de l'atmosphère grâce à l'exploitation des mesures de la raie à 23,8 GHz[Ruf et al. (1994)]. Les premiers instruments microondes dédiés à l'observation de l'humidité qui utilisent la raie à 23,8 GHz sont apparus au début des années 90 avec le Special Sensor Microwave Temperature (SSMT/2). De nombreux radiomètres destinés à l'estimation du profil de vapeur d'eau se sont succédés depuis Nimbus-E et suivent la vapeur d'eau atmosphérique: AMSU-B ("Advanced Microwave Sounding Unit-B") des satellites NOAA, HSB ("Humidity Sounder for Brazil") sur la plateforme Aqua, MHS ("Microwave Humidity Sounder") de la série de satellites européen MetOp, ou encore SSM/T-2 ("Special Sensor Microwave/Temperature-2") sur les satellites DMSP. Il existe aussi, des instruments qui visent les émissions aux limbes de la Terre comme les "Microwave Limb Sounders" (MLS) qui observent l'humidité vers 350 hPa [Waters et al. (2006)].

La mission Megha-Tropiques, décrite au Chapitre 2 est spécifiquement dédiée à l'observation du cycle de l'eau dans la zone intertropicale par l'exploitation du rayonnement microonde. Sa trajectoire est conçue pour optimiser répétitive temporelle des observations et ses capteurs embarqués ont été conçus pour observer différentes composantes du cycle de l'eau (vapeur d'eau, nuages, pluie).

3. La restitution du profil d'humidité relative

3.1. Le principe

La Figure 8, tirée de [Ulaby et al. (1981)], présente l'opacité d'une atmosphère tropicale, de contenu intégré de vapeur d'eau ~40 kg/m², due à la présence de dioxygène et d'eau pour des fréquences allant de 0,3 à 300 GHz. Les pics d'absorption de la vapeur d'eau au voisinage des fréquences 22 et 183,31 GHz sont clairement visibles.

L'instrument AMSU-B a été le premier des instruments sondeurs dans le spectre microonde : ces instruments exploitent la raie à 183,31 GHz avec différents canaux centrés autour de la raie, ces canaux mesurent une intégration pondérée de toute la colonne de vapeur d'au atmosphérique et cette pondération permet de cibler différentes altitudes de l'atmosphère pour ainsi construire le profil vertical.

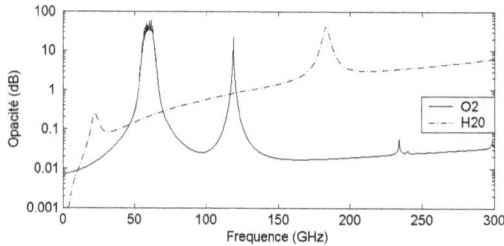

Figure 8: Spectre d'absorption des gazes atmosphériques [Ulaby et al. (1981)]

On peut calculer la fonction pondération par la variation de la température de brillance par rapport à la variation de l'humidité relative à une altitude donnée, cette fonction est aussi appelée jacobien du au ratio des variations : $J_{RH}(p) = \partial TB/\partial RH(p)\,(K/\%)$. Un jacobien permet ainsi de décrire la sensibilité du canal analysé par rapport à l'altitude. La Figure 9 nous montre deux exemples des six fonctions jacobien pour six canaux qui se trouvent autour de la raie à 183,31 GHz, à gauche on observe les fonctions pour le cas d'une atmosphère sèche à droite le cas d'une atmosphère humide. On observe que les six jacobiens atteignent leur valeur maximale pour différentes altitudes, selon la position dans la raie et selon la distribution en humidité relative. En utilisant plusieurs canaux on peut estimer la valeur d'humidité relative à différentes altitudes et donc construire un profil vertical d'humidité relative.

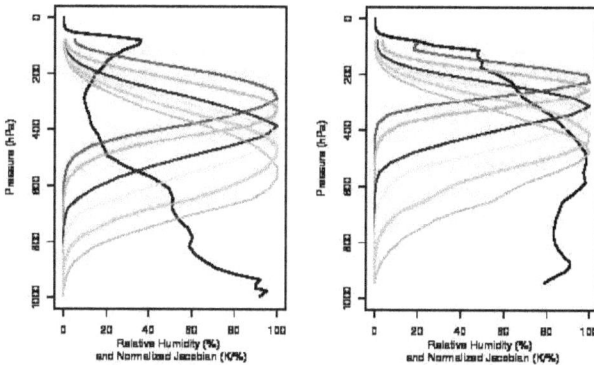

Figure 9: Deux exemples des jacobiens pour six canaux autour de la raie à 183GHz (rouge : proche de 183,31GHz vers gris : sur les bords de la raie) pour deux situations atmosphériques (trait noir), à gauche un cas sec et à droite un cas humide.

Cette intégration pondérée a une caractéristique importante : si on compare les deux exemples de la Figure 9, on observe que les fonctions atteignent leur maximum à une altitude plus élevée dans le cas humide par rapport au cas sec. Cette caractéristique entraine une conséquence importante : pour estimer la valeur d'humidité relative à une altitude fixée, la précision de cette estimation varie en fonction de la situation atmosphérique au moment de la mesure. Par exemple, si nous voulons estimer la valeur d'humidité relative à 800hPa, une atmosphère sèche fournira plus d'information qu'une atmosphère plus humide. C'est-à-dire que selon l'altitude de travail l'erreur d'estimation devrait être plus élevée pour une atmosphère humide, où la distribution d'information est restreinte aux hautes altitudes, que pour une atmosphère plus sèche. Finalement, on peut définir cette variation de l'erreur d'estimation comme une erreur conditionnée à la situation atmosphérique.

Cette erreur conditionnelle est très importante dans l'estimation des profils verticaux d'humidité relative et surtout des statistiques associées à la méthode car une estimation globale de l'erreur ne fournira pas les caractéristiques réelles de l'estimation.

3.2. Les modèles

De nos jours, les méthodes de restitutions peuvent être regroupées selon trois axes:

- ◆ Méthodes physiques: Les premiers travaux, comme [Liebe & Layton (1987)], essayaient de trouver une fonction déterministe entre la variable humidité relative et température de brillance.
- ◆ Méthodes physico-statistiques: Dans ce groupe se retrouvent les méthodes variationnelles ([Rosenkranz et al. (1982)], [Kakar (1983)], [Wang & Chang (1990)], [Blankenship et al. (2000)], [Liu & Weng (2005)], [Rieder & Kirchengast (1999)], [Engelen & Stephens (1999)], [King et al. (2003)]), qui utilisent plusieurs variables afin de nourrir des modèles de transfert radiatifs, qui estiment des valeurs des températures de brillance à comparer avec les températures de brillance observées par le satellite. L'écart entre les températures de brillance est utilisé pour faire varier les variables d'entrée du modèle et ainsi générer un nouvel état initial qui donnera des valeurs plus réalistes de température de brillance. Une fois que l'écart entre les températures de brillance atteint une valeur limite, alors le dernier profil estimé par ces itérations successives est considéré comme le profil le plus probable qui produit les températures de brillance observées. Pour que ces algorithmes convergent vers une solution réaliste rapidement, l'état initial (ou "first guess") doit être le plus proche possible du profil final.
- ◆ Méthodes statistiques: En raison de la nature non-linéaire du problème et la présence du bruit instrumental, la quasi totalité des méthodes statistiques sont basées sur des modèles neuronaux (par exemple [Aires & Prigent (2001)]) qui utilisent une base de données d'apprentissage avec l'objectif de calculer ses paramètres (poids synaptiques) afin de minimiser l'erreur entre la sortie désirée et la sortie estimée. Une fois les paramètres appris, le modèle estime une valeur de sortie à partir des données d'entrée. Récemment, des études dans le domaine de l'apprentissage automatique ont produit des nouveaux modèles statistiques qui ont des avantages par rapport aux modèles neuronaux et qui pourraient apporter des résultats intéressants pour l'inversion des données radiométriques.

Finalement, les méthodes physico-statistiques sont les plus communes, l'objectif de ce travail de thèse est d'étudier la potentialité des méthodes statistiques dans le contexte de Megha-Tropiques. Ces méthodes présentent un avantage en termes de rapidité.

4. Objectifs de la thèse

Étant donné que la distribution du champ de vapeur d'eau est une variable importante pour le système terre-atmosphère (systèmes convectifs, équilibre thermique, etc), les systèmes biologiques et les activités humaines, la compréhension des mécanismes qui interviennent à toutes les échelles possibles est d'une importance capitale. Il est donc indispensable d'estimer les profils verticaux d'humidité relative avec la meilleure précision possible mais aussi de quantifier les erreurs conditionnelles d'estimation afin de pouvoir qualifier précisément la qualité de l'estimation.

Le satellite Megha-Tropiques nous offre une grande opportunité pour améliorer la résolution verticale avec le radiomètre SAPHIR et ses six canaux autour de la raie à forte absorption du vapeur d'eau, ce qui doit permettre théoriquement une amélioration de la construction de profils verticaux de vapeur d'eau [Brogniez et al. (2011)].

Ce travail de thèse, en répondant à ces opportunités, a comme objectifs principaux le développement d'un algorithme de restitution de l'humidité relative à partir des mesures satellitaires de Megha-Tropiques et la caractérisation de l'incertitude conditionnelle de la vapeur d'eau restituée.

Le Chapitre 2 présente les notions de base concernant la télédétection microondes et l'analyse des données disponibles, tandis que le Chapitre 3 décrit la construction des trois modèles de restitution des profils d'humidité relative et leur intercomparaison. Le Chapitre 4 est consacré à la construction d'une modèle d'estimation de la fonction de densité de probabilité de l'erreur conditionnelle et à sa caractéristation. Finalement le Chapitre 5 présente une évaluation de la méthode grâce à des mesures par radiosondages colocalisées avec le passage de Megha-Tropiques, lancé en octobre 2011. Les conclusions et perspectives de ce travail sont finalement détaillées en Chapitre 6.

Chapitre II
Présentation du Problème d'inversion

1. L'observation de la vapeur d'eau atmosphérique dans les hyperfréquences

Dans ce paragraphe, les bases de la théorie du transfert radiatif appliquée à la traversée de l'atmosphère et restreinte au domaine des hyperfréquences sont présentées. Le cadre qui nous intéresse ici ne traite pas du phénomène de diffusion (restriction au ciel clair) et l'atmosphère est considérée comme un milieu plan parallèle homogène. Une description plus approfondie de ces processus pourra être trouvée dans [Ulaby et al. (1981)] et le rappel ci-dessous en provient largement.

La théorie du transfert radiatif décrit l'évolution d'une onde électromagnétique lors de la traversée d'un milieu dont on connaît les caractéristiques. Le rappel ci-dessous provient principalement du livre [Ulaby et al. (1981)]. Les phénomènes mis en jeu sont des processus d'extinction et d'émission. Lors de l'interaction entre le rayonnement électromagnétique et le milieu dans lequel il se propage, si l'intensité du rayonnement électromagnétique décroît, il y a extinction, et si le milieu ajoute de l'énergie il y a émission. Généralement les deux processus ont lieu simultanément. L'extinction correspond à la combinaison entre l'absorption (énergie rayonnée qui est convertie en une autre forme d'énergie) et la diffusion (processus qui dirige l'énergie dans une autre direction). Les sources de rayonnement sont l'émission propre du milieu et la diffusion du rayonnement provenant d'autres directions, (émission thermique : transformation de l'énergie thermique). Par ciel clair, seuls les processus d'absorption et d'émission propre du milieu naturel sont à prendre en compte.

Dans le cas de la télédétection microonde, la luminance monochromatique $L(r, \theta, \varphi)$ exprimée en $Wm^{-2}sr^{-1}Hz^{-1}$, représente la densité d'énergie rayonnée (à une fréquence f) par unité de fréquence et d'angle solide et se propageant dans la direction spécifiée par les coordonnées sphériques θ, φ.

En l'absence de phénomènes de diffusion, la variation de la luminance $dL(r, \theta, \varphi)$ après la traversée d'une couche d'atmosphère d'épaisseur dz est la somme de la luminance perdue par absorption dans la couche et du gain de luminance dû à l'émission propre de l'atmosphère. D'après la loi de Kirchhoff l'émission thermique est proportionnelle au coefficient d'absorption k_a de la couche d'atmosphère considérée et à la loi de Planck $B(T)$ définie par

$$B(T) = \frac{2hf^3}{c^2} \frac{1}{e^{hf/kT} - 1} \quad (1)$$

Avec T la température (K), c la vitesse de la lumière dans le vide, h la constante de Planck et k la constante de Boltzmann.

Aux fréquences considérées ($\frac{hf}{kT} \ll 1$) la loi de Planck peut être approximée par l'approximation de Rayleigh-Jeans:

$$B(T) = \frac{2f^2 k}{c^2} T \quad (2)$$

Avec ces deux relations, nous pouvons exprimer la variation de la luminance comme suit:

$$dL(r, \theta, \varphi) = \frac{k_a}{\cos(\theta)} \left(\frac{2f^2 k}{c} T \right) dz - \frac{k_a}{\cos(\theta)} L(r, \theta, \varphi) dz \quad (3)$$

$$\text{Émission} \qquad\qquad\qquad \text{Absorption}$$

On appelle Température de Brillance $TB(r, \theta, \varphi)$ de l'atmosphère dans la direction (θ, φ), la température qu'aurait un corps noir qui rayonnerait la même luminance que l'atmosphère à la température physique T. En termes de température de Brillance l'équation précédente s'écrit alors

$$dTB(r, \theta, \varphi) = \frac{k_a}{\cos(\theta)} T dz - \frac{k_a}{\cos(\theta)} TB(r, \theta, \varphi) dz \quad (4)$$

$$\text{Émission} \qquad\qquad\qquad \text{Absorption}$$

On considère de plus l'atmosphère comme un milieu plan parallèle homogène horizontalement: on suppose que chaque couche d'atmosphère est homogène en température, de coefficient d'absorption constant et on suppose l'équilibre thermodynamique réalisé localement (le coefficient d'émission est égale au coefficient d'absorption). Plusieurs quantités interviennent dans l'équation de transfert radiatif : la transmittance de chaque couche, la température physique de chaque couche et l'émissivité de la surface. En effet dans la configuration d'une mesure effectuée à bord d'un satellite le radiomètre mesure le rayonnement émergeant de l'atmosphère qui est constitué de trois termes:

- Le rayonnement émis par la surface et atténué par l'atmosphère
- Le rayonnement émis par chaque couche d'atmosphère vers le haut et atténué par les couches supérieures
- Le rayonnement descendant provenant du bruit de fond cosmique auquel s'ajoute le rayonnement émis par chaque couche d'atmosphère vers le bas, qui est atténué par les couches inférieures de l'atmosphère puis réfléchi par la surface et atténué à nouveau par l'atmosphère sur le trajet montant.

D'ou finalement la Température de Brillance dans la direction repérée par l'angle zénithal θ.

Si on note:

- $\tau(z, z') = \int_z^{z'} ka(u) du$ l'épaisseur optique de l'atmosphère entre les altitudes z et z'.
- $t_{atm} = e^{-\tau(0,H) \sec(\theta)}$ la transmittance totale de l'atmosphère.
- T_s la température thermodynamique de la surface, $T(u)$ la température thermodynamique de l'atmosphère à l'altitude u, T_c la température du bruit de fond cosmique, e_s l'émissivité de la surface.
- $T_{up} = \sec(\theta) \int_0^H k_a(u) T(u) e^{-\tau(u,H) \sec(\theta)} du$ la température de brillance du rayonnement descendant.
- $T_{dn} = \sec(\theta) \int_0^H k_a(u) T(u) e^{-\tau(0,u) \sec(\theta)} du$ la température de brillance du rayonnement montant

On obtient:

$$TB(\theta) = t_{atm}[e_s * T_s + (1 - e_s)(T_{dn} + T_c * t_{atm})] + T_{up} \quad (5)$$

Plusieurs cas particuliers peuvent être considérés pour mettre en évidence les relations entre les propriétés d'absorption de l'atmosphère et la Température de Brillance observée. Pour le cas d'une atmosphère non absorbante ($k_a = 0$), la température observée ne dépend pas des profils verticaux de $T(z)$ et $k_a(z)$; pour le cas d'une atmosphère absorbante et homogène ($T(z) = T_o$ et $k_a(z) = k_a^o$), la température observée est liée à la température de l'atmosphère et la transmittance de l'atmosphère ($T_{up} = T_{dn} = T_o(1 - t_{atm})$) et pour le cas d'une atmosphère très absorbante et homogène ($T(z) = T_o$, $k_a(z) = k_a^o$ et $t_{atm} = 0$) la température observée sera la température de l'atmosphère et ne dépend pas de la surface ($TB(\theta) = T_o$).

Pour les fréquences comprises entre 10 et 300 GHz, pour ciel clair (absence des nuages et des précipitations), les molécules qui ont un impact significatif en terme d'absorption du rayonnement électromagnétique sont le dioxygène (O2) et la vapeur d'eau (H20). Plus précisément, l'interaction entre le champ électromagnétique et le moment dipolaire de la molécule d'eau créée deux raies d'absorption autour de 22 GHz et 183,31 GHz, comme on a pu observer dans la Figure 8, qui sont dues aux transitions de rotation de la molécule ([Liebe (1989)], [Ulaby et al. (1981)], [Staelin et al. (1976)]).

En dehors des ces raies prédites par les théories d'absorption aux fréquences microondes, dans les régions fenêtres, il existe une absorption résiduelle constatée lors d'expériences de terrain (e.g. [Danese & Partridge (1989)]) et confirmée par des mesures en laboratoire (e.g. [Bauer & Godon (1991)], [English et al. (1994)]). Cet excès d'atténuation par la vapeur d'eau est considéré comme un continuum, avec une faible variation spectrale comme illustré par Figure 8, mais une dépendance en température marquée.

De manière générale, la raie d'absorption à 22 GHz est utilisée pour restituer le contenu intégré en vapeur au-dessus des zones océaniques (e.g. [Mallet et al. (1993)], [Weng et al. (2003)]) d'eau tandis que celle à 183,31 GHz est généralement exploitée pour l'estimation du profil d'humidité relative au-dessus des continents et des océans ([Schaerer & Wilheit (1979)], [Rosenkranz et al. (1982)], [Kakar (1983)], [Wang et al. (1983)], [Blankenship et al. (2000)], [Brogniez et al. (2011)]). Le principe du sondage consiste à sélectionner des canaux à différentes fréquences autour de cette raie de forte absorption pour pénétrer plus ou moins profondément dans la troposphère et ainsi accéder à différentes altitudes.

Le modèle RTTOV que nous avons utilisé pour faire les simulations est le modèle rapide opérationnel développé au centre européen ECMWF [Saunders et al. (1999)], qui a été optimisé du point de vue du temps de calcul et qui en principe ne génère pas d'erreur significative par rapport aux modèles raie-par-raie [Liebe (1989)] sur lesquels il est basé et dont les temps de calculs sont beaucoup plus importants.

2. Megha-Tropiques

Le satellite Megha-Tropiques est issu de la collaboration France-Inde (via les agences spatiales nationales CNES et ISRO) et c'est une mission spatiale entièrement dédiée à l'étude du cycle de l'eau atmosphérique et du bilan radiatif dans la zone tropicale (Megha signifiant "nuages" en Sanskrit). Lancé le 12 Octobre du 2011 depuis le centre spatial indien Sriharicota, le satellite porte quatre instruments: MADRAS (Microwave Analysis and Detection of Rain and Atmospheric Structures), un imageur microonde pour l'observation de la pluie et des nuages, SAPHIR (Sondeur Atmosphérique du Profil d'Humidité Intertropicale par Radiométrie) un sondeur microonde dédié à l'observation de l'humidité relative dans la troposphère, ScaRaB (Scanner for Radiation Budget) un radiomètre multi-spectral passif dédié à la mesure des flux radiatifs au sommet de l'atmosphère et ROSA (Radio Occultation Sounder for the Atmosphere) un récepteur GPS permettant l'estimation de profils de température et d'humidité de la haute troposphère par radio occultation. La combinaison d'une orbite de basse inclinaison (20°) et d'une altitude de vol relativement haute (865km) pour un satellite défilant permet de renforcer la fréquence d'observation journalière d'un site, jusqu'à 5,5 fois par jour comme le montrent les Figure 10 et Figure 11, le satellite ayant un cycle de précession de 51 jours [Desbois (2007)].

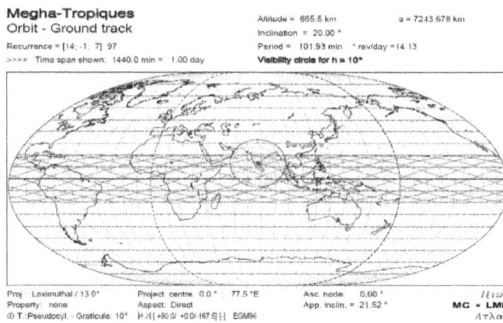

Figure 10: Trace au sol pour un jour d'observation [Capderou (2009)].

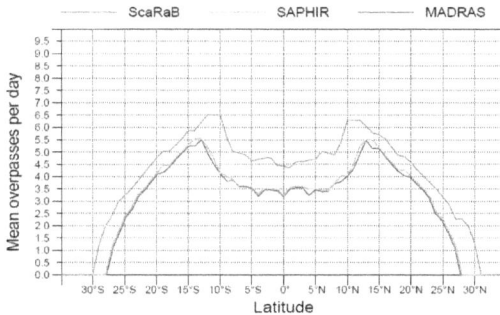

Figure 11: Nombre moyen de survols par jour, selon la latitude et l'instrument [Capderou (2009)].

La Figure 12 montre la géométrie de fauchée pour les 3 instruments principaux de la plateforme.

Seules les mesures fournies par les radiomètres SAPHIR et MADRAS sont exploitables pour restituer les profils atmosphériques d'humidité relative, ces deux instruments observant à des fréquences sensibles à la présence d'eau sur la colonne atmosphérique (gaz, liquide et solide).

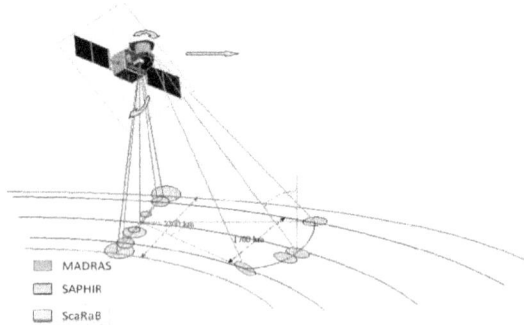

Figure 12: Configuration générale de fauchée des trois instruments principaux du satellite avec sa géométrie [Capderou (2009)].

2.1. Le sondeur SAPHIR

L'instrument SAPHIR est un radiomètre passif à six canaux localisés autour de la raie d'absorption de la vapeur d'eau à 183,31 GHz, la répartition des canaux étant visible sur la Figure 13. Le doublement des canaux de part et d'autre du centre de la raie, via un mélangeur harmonique, est une configuration standard des sondeurs microondes qui permet de réduire le bruit [Wang et al. (1983)]. SAPHIR est un sondeur à fauchée perpendiculaire à la trace qui observe l'atmosphère dans une bande de 1700 km avec une résolution au nadir de 10 km et un angle d'incidence de ± 42.96° autour du nadir [Eymard et al. (2002)], la géométrie de visée induisant une déformation des pixels depuis le centre (cercle de rayon 10km) vers les bords de la fauchée (ellipse).

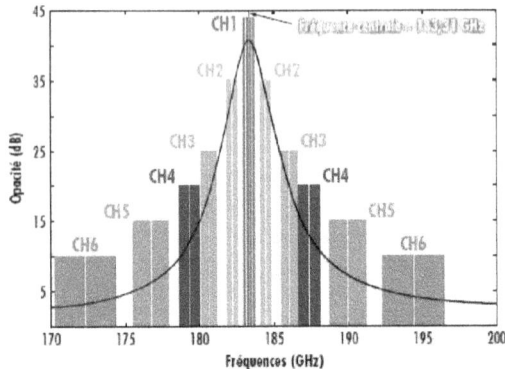

Figure 13: Positionnement des six canaux de SAPHIR par rapport à la raie d'absorption de la vapeur d'eau [Desbois (2007)].

Le premier canal est le plus proche au centre de la raie d'absorption et il est dédié à l'observation des niveaux les plus hauts de la troposphère, tandis que le sixième canal avec une large bande passante est situé sur les ailes de la raie d'absorption pour un sondage plus profond de l'atmosphère ([Cabrera-Mercadier & Staelin (1995a)]). Chacun des 6 canaux est caractérisé par une fonction de poids qui détermine grosso-modo la couche de l'atmosphère qui est principalement observée. Des exemples de fonctions de poids (les jacobiens $J_{RH} = \partial TB/\partial HR$) d'une atmosphère tropicale standard [McClatchey et al. (1971)] sont proposés sur la Figure 14. Comme mentionné dans la partie 1-3.1, ces fonctions permettent de déterminer pour un profil atmosphérique particulier la sensibilité des différents canaux à la distribution verticale de l'humidité relative et montre bien la répartition verticale de zones d'observation dans la troposphère, qui présentent néanmoins un chevauchement.

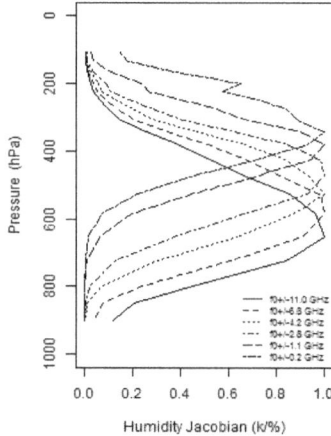

Figure 14: Exemple de fonctions de poids (dTB/dHR, en K/%) des 6 canaux de SAPHIR pour une atmosphère tropicale standard observée au nadir, où f0 est la fréquence centrale de 183,31 GHz. Les calculs ont été réalisés avec le modèle RTTOV [Brogniez et al. (2004)].

2.2. L'imageur MADRAS

L'instrument MADRAS est un radiomètre imageur à fauchée conique, à 9 canaux d'observation, d'angle zénithal 53,5°, sur une fauchée de même largeur que pour SAPHIR et ayant des pixels elliptiques dont la taille varie selon la fréquence d'observation. Les canaux d'observation sont répartis entre 18.7 GHz et 157 GHz, et sont destinés à l'étude des précipitations et des propriétés microphysiques des nuages ([Gayet (1988)], [Koenig & Murray (1983)], [Nakajima & King (1990)], [Kummerow & Giglio (1994)], [Adler et al. (1991)], [Nakajima & Nakajma (1995)],[Frisch et al. (1995)], [Stephens et al. (2002)], [Panegrossi et al. (1998)]).

L'instrument MADRAS observe la raie d'absorption à 22 GHz via le canal numéro 3 ($f_o = 23,8$ GHz), et fournit donc une mesure liée au contenu total en vapeur d'eau (Section 2.1). Les canaux numéro 8 et 9 à 157 GHz, similaires au canal 150 GHz de la plupart des imageurs micro-ondes (SSMI/S, AMSU-A, etc), sont des canaux dits « fenêtres » observant principalement l'émission de rayonnement depuis la surface terrestre et sont également sensibles aux précipitations glacées [Liou & Hwang (1992)]. Dans le contexte de ce travail ces canaux permettent d'ôter la contribution de la surface par l'estimation des émissivités ([English et al. (1994)], [Prigent et al. (2000)]) qui affectent l'information reçue par SAPHIR, et fournissent une mesure du continuum évoqué plus haut (Section 2.1). Les autres canaux de MADRAS sont reliés principalement à la présence d'eau liquide dans l'atmosphère ([Desbois (2007)], [Kacimi et al. (2013)]), et pourraient théoriquement apporter des informations complémentaires dans l'exercice de restitution du profil d'humidité relative.

La Table 1 montre un résumé des caractéristiques de chaque canal des intruments SAPHIR et MADRAS.

	Fréquence Centrale (GHz)	Largeur de Bande(MHz)	Résolution (Km)
SAPHIR	183.31 ± 0.2	±200.	(10 × 10) km² au nadir
	183.31 ± 1.1	±350.	
cross-track	183.31 ± 2.8	±500.	(14.5 × 22.7) km²
	183.31 ± 4.2	±700.	
$\sigma_{zen} = \pm 50.7°$	183.31 ± 6.6	±1200.	aux extrêmes du scan
	183.31 ± 11.0	±2000.	
MADRAS	18.7 (H & V)	±100.	(67.25 × 40) km²
	23.8 (V)	±200.	
Scan conique	36.5 (H & V)	±500.	(16.81 × 10) km²
$\sigma_{zen} = \pm 53.5°$	89.0 (H & V)	±1350.	(10.1 × 6) km²
	157.0 (H & V)	±1350.	

Table 1: Caractéristiques des canaux SAPHIR et MADRAS. θ_{zen} corresponde à l'angle d'incidence. H et V correspond à la polarisation verticale et horizontale du champ électromagnétique observé.

3. Création de Données Synthétiques

L'un des aspects de cette thèse consiste donc à résoudre le problème inverse: c'est-à-dire déduire la distribution verticale de la vapeur d'eau atmosphérique à partir des mesures radiométriques à disposition. Néanmoins la mesure radiométrique contient une quantité d'information limitée sur le profil de vapeur d'eau, puisqu'elle est intégrée sur l'épaisseur totale de l'atmosphère avec une contribution des différents niveaux qui varie en fonction de la fréquence (Figure 14) et du profil considéré, et la mesure elle-même elle est bien sûr entachée d'un bruit lié à l'instrument. Le problème d'inversion est donc "mal-posé" et "sous-contraint", c'est-à-dire qu'il y a plus d'inconnues dans le système à résoudre que d'équations et une solution unique n'existe pas, même si c'est justement l'objet central des exercices de restitution.

Habituellement les méthodes d'inversion introduisent des contraintes supplémentaires pour pouvoir converger vers cette solution, comme une première estimation du profil d'humidité relative tirée de la climatologie qui initialise un algorithme itératif (e.g. [Wang et al. (1983)], [Wang & Chang (1990)], [Wilheit & Al-Khalaf (1994)], [Blankenship et al. (2000)], [Liu & Weng (2005)]), ou encore des informations additionnelles sur l'atmosphère observée (profil de température ou paramètres de surface colocalisés) permettant de mieux cadrer les variables de l'équation du transfert radiatif (e.g. [Cabrera-Mercadier & Staelin (1995a)], [Karbou et al. (2005)]). L'objectif ici étant d'étudier les informations contenues dans les observations radiométriques seules, les méthodes d'inversion exploitées sont purement statistiques. Elles reposent d'une part sur la création d'une base d'apprentissage de l'algorithme, représentative des conditions thermodynamiques rencontrées par l'instrument, et d'autre part sur l'optimisation des méthodes de restitution. L'innovation est de proposer un intervalle de confiance conditionnel autour de l'estimation du profil d'humidité relative et non une erreur moyenne qui caractériserait globalement l'algorithme.

La construction des modèles d'apprentissage statistique repose dans un premier temps sur la construction d'un ensemble de données statistiques qui permettent la construction du modèle: l'ensemble des données doit donc couvrir au maximum les situations atmosphériques possibles rencontrées par les instruments de mesure dans la zone d'observation (océaniques, continentales, sèche, humide, etc.). Pour le traitement des mesures satellitales, il faudrait idéalement recenser des milliers de mesures satellites qui soient parfaitement colocalisées avec des mesures de la thermodynamique de l'atmosphère provenant de radiosondages afin d'obtenir la meilleure relation température de brillance/profil d'humidité relative possible.

De tels couples radiosondage/observations satellite sont cependant généralement insuffisants d'un point de vue quantitatif, et surtout dans le cadre présent puisque les 6 canaux de SAPHIR sont innovants et l'âge de la mission (moins de 2 ans au moment de la rédaction, le satellite n'étant pas lancé au début de la thèse) ne permet pas la construction d'un ensemble d'apprentissage statistiquement robuste. Pour pallier à ce problème, des observations synthétiques de SAPHIR et MADRAS ont été calculées à partir d'une large base de radiosondages tropicaux et d'un modèle de transfert radiatif, reprenant les caractéristiques spectrales des deux instruments.

3.1. La base de radiosondages

Les radiosondages utilisés appartiennent à l'archive opérationnelle de radiosondages utilisée par le Centre Européen de Prévision Météorologique à Moyen Terme (CEPMMT, ECMWF en anglais) dans le modèle de prévision numérique lors du processus d'assimilation des observations. Ces radiosondages ont été validés et mis en forme par l'équipe ARA du Laboratoire de Météorologie Dynamique (la base de données ARSA [Arsa-Group (n.d.)]). Ainsi, dans cette base, les profils de température (T, en K), d'humidité spécifique (q, en kg/kg) et d'ozone (o3, ppmv) de chaque radiosondage sont reportés sur une grille fixe de 40 niveaux de pression compris entre 1013,25 hPa et 0,05 hPa. C'est la période 1990-2008 qui a été échantillonnée et, en plus des contrôles de qualité des profils directement associés à la base ARSA, des critères supplémentaires ont été ajoutés pour la construction de la base d'apprentissage:

Seuls les profils appartenant à la bande ±30° N sont conservés pour être cohérents avec la zone d'observation de Megha-Tropiques

Un examen des profils a également amené à filtrer les profils trop secs (HR<2%) ainsi que les cas super-saturés au-dessous de 250 hPa (HR>150% calculée par rapport à la glace) en suivant les observations des travaux de ([Gierens et al. (1999)], [Read et al. (2007)], [Read et al. (2001)]).

Après ces filtres simples la base de données finale pour l'apprentissage est composée de plus de 40000 radiosondages couvrant les zones continentales et océaniques, dont la répartition géographique est représentée sur la Figure 15.

Distribution des Radiosondages

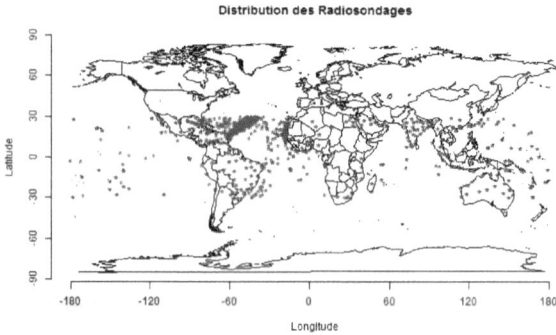

Figure 15: Distribution des radiosondages filtrés à partir de la base des données ARSA

La Figure 15 révèle la distribution hétérogène des radiosondages dans la bande tropicale: la densité de points est plus faible dans les océans Pacifique et Indien par rapport à l'océan Atlantique. Les routes des bateaux sont également visibles dans l'océan Atlantique et pour la partie continentale, et l'hétérogénéité entre les continents est très prononcée (exemple: Afrique de l'Ouest/Afrique de l'Est).

3.2. Observations synthétiques de SAPHIR et MADRAS

L'équation de transfert radiatif (eq. 5) permet de calculer la température de brillance, à une fréquence particulière, correspondant à un profil atmosphérique donné, et un modèle qui résout cette équation est utilisé pour obtenir les températures de brillance de SAPHIR et MADRAS directement associées aux radiosondages de la base d'apprentissage. Le choix s'est porté sur le modèle RTTOV v9.3 ("Radiative Transfer for TOVS", version 9.3 [Matricardi et al. (2004)]), construit originellement pour l'assimilation des données obtenues par le satellite d'orbite polaire TOVS (TIROS Operational Vertical Sounder), et maintenant largement étendu à la plupart des radiomètres sur plateformes spatiales en vol ou ayant volé. Les TBs de SAPHIR et MADRAS sont simulées à partir de profils verticaux de pression (hPa), d'humidité spécifique (kg/kg), de température (K) et des paramètres de surface (vent à 10m pour les surfaces océaniques, températures de surface et à 2m, humidité à 2m). Les incertitudes des simulations dans le domaine des microondes, sans distinction des différents canaux, sont les suivantes [Matricardi (2005)]:

- ◆ Pour les calculs en ciel clair et un profil tropical l'erreur maximale est inférieure à 0.1K.
- ◆ L'influence des aérosols désertiques introduit une erreur inférieure à 0.25K dans le cas où la concentration est quatre fois plus importante que la référence climatologique.
- ◆ Pour les aérosols urbains, l'erreur maximale est de 0.1K et pour les autres l'erreur estimée est de 0.05K.

Dans le cas présent, seules les scènes de ciel clair ont été considérées car les mesures par radiosondage de permettent pas d'obtenir les caractéristiques nuageuses qui sont normalement spécifiées dans le modèle de transfert radiatif (contenus en eau liquide/glacée et fraction nuageuse sur la colonne). De plus, l'émissivité de la surface pouvant affecter la mesure, selon le canal d'observation, deux cas ont été séparés :

♦ Le cas continental pour lequel un atlas d'émissivité construit par [Prigent et al. (2006)] à partir des observations de SMM/I est utilisé et

♦ Le cas océanique pour lequel les émissivités sont simulées dans RTTOV via le modèle FASTEM-3 [Deblonde & English (2001)] à partir du module du vent à 10m (issu d'une climatologie construite sur la période des radiosondages à partir des ré-analyses ERA-Interim du CEPMMT [Dee et al. (2011)]).

3.3. Profils d'humidité relative

Les canaux de SAPHIR sont dédiés à l'étude du contenu en vapeur d'eau de la troposphère [Eymard et al. (2002)], entre la surface et 100 hPa, ce qui a conduit à tronquer verticalement les profils initiaux issus des radiosondages (informations T et q jusque 0,05 hPa, sur 40 niveaux, comme précisé plus haut) pour se limiter à des profils répartis sur 22 niveaux de pression.

De plus, du fait des différences sur le traitement des émissivités de surface, la base initiale a été divisée en deux parties: les radiosondages continentaux et océaniques. L'émissivité de la mer est généralement considérée constante et faible par rapport à l'émissivité des continents ([Greenwald & Jones (1999)], [Prigent et al. (2004)]), qui peuvent varier selon les caractéristiques du sol (déserts, forêts, villes, etc. ont des valeurs d'émissivités très différents). Une conséquence directe de cette division est la construction de modèles de restitution spécifiques pour les cas océaniques et continentaux. La Figure 16 montre des diagrammes à moustache avec les 22 niveaux d'humidité relative pour ces deux situations. Les diagrammes à moustaches permettent de représenter graphiquement des caractéristiques statistiques des ensembles de données analysées:

♦ La boite est limitée avec le premier et troisième quartile, la médiane est représentée par le trait dans la boite et met en évidence la symétrie de l'ensemble.

♦ Aux extrêmes des lignes en pointillés, on peut trouver le premier et neuvième décile.

♦ En dehors des ces limites nous pouvons observer les données plus rares, représentées par des points.

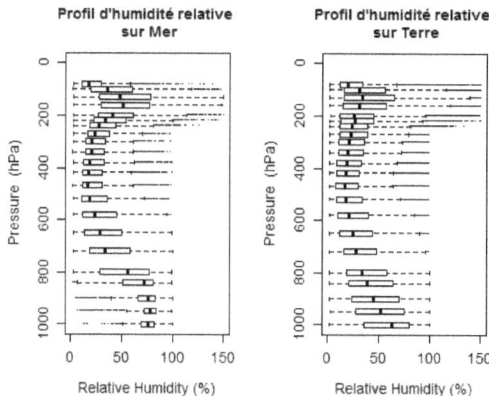

Figure 16: Diagrammes à moustache des distributions des profils d'humidité relative (%) par rapport à la pression(hPa) selon les deux surfaces: océaniques et continentales.

De ce fait, la Figure 16 montre que les deux situations ont des comportements similaires, aux extrêmes de l'atmosphère (sommet et surface) les valeurs d'humidité relative sont plus fortes tandis que la moyenne troposphère (700-300 hPa) est plus sèche. La différence principale se trouve dans la plus forte variabilité de la couche limite (surface jusque 850 hPa environ) du cas continental par rapport au cas océanique, ceci étant dû aux différents types de surface de la terre.

La structure verticale de la troposphère peut ainsi être divisée en trois grandes zones:

- ♦ La couche limite (surface jusque 850 hPa environ), avec de valeurs d'humidité relative fortes autour de 70% et une plus grande variabilité sur terre que sur mer.
- ♦ la troposphère libre (entre 850 et 250 hPa), qui présente une diminution importante des valeurs d'humidité relative entre 10% et 30%
- ♦ et les alentours de la tropopause (en moyenne à 200 hPa), qui voit une augmentation de l'humidité relative pour atteindre une moyenne de 50%.

Une caractéristique importante de ces trois régions repose sur sa variabilité en altitude et en épaisseur aux différentes endroits. En fait, à 800 hPa il est possible d'observer un important changement du profil d'humidité relative qui coïncide avec l'épaisseur maximale de la couche limite. Afin d'obtenir une résolution verticale adaptée aux caractéristiques particulières à chaque altitude, une analyse des corrélations et des dépendances entre les différents niveaux verticaux va nous permettre de définir plus précisément les limites des couches verticales que nous considérerons dans notre méthode d'inversion.

3.4. Analyse par matrice de corrélation

Dans un premier temps, les matrices de corrélation sont calculées afin d'étudier les éventuelles dépendances verticales entre les niveaux de pression des profils d'humidité relative (HR en %). Chaque élément $A_{i,j}$ de la matrice est donné par:

$$A_{i,j} = \frac{\theta_{i,j}}{\sigma_i \sigma_j} \quad (6)$$

où $\theta_{i,j}$ correspond à la covariance entre l'humidité relative au niveau i et l'humidité relative au niveau j et σ_i correspond à l'écart-type du niveau i.

Ce type de matrice permet ainsi d'étudier les corrélations entre les humidités relatives observées aux différents niveaux de pression: les corrélations maximales sont égales à 1 et se trouvent naturellement sur la diagonale principale de la matrice. L'avantage de la matrice de corrélation repose sur le fait qu'elle révèle l'existence de corrélations entre les variables et, en conséquence, permettrait idéalement de simplifier le système en calculant une variable à partir d'une autre. La Figure 17 présente les matrices de corrélation de la base de radiosondages en séparant les cas océaniques et continentaux.

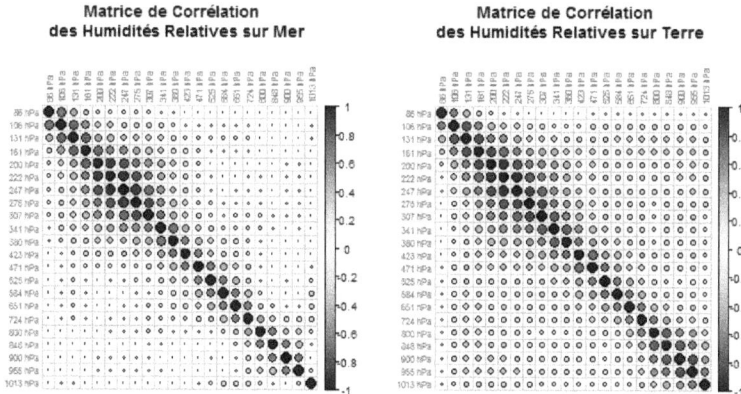

Figure 17: Matrices de corrélation entre les 22 niveaux d'humidité relative étudiés pour le cas océanique (gauche) et continental (droite). Le code de couleurs et la taille des ronds sont directement proportionnels aux valeurs des coefficients de corrélations entre les différents éléments de la matrice.

Une première caractéristique importante est que les niveaux consécutifs présentent des valeurs élevées de corrélation ce qui montre que l'humidité relative n'est pas une variable géophysique qui peut être considérée comme indépendante verticalement. Les niveaux successifs sont reliés par des processus dynamiques qui ont lieu dans la couche limite, comme la turbulence à proximité de la surface [Drobinski (2005)], et dans la troposphère libre, comme les processus de condensation et transport de la vapeur d'eau ([Strong et al. (2007)], [Galewsky et al. (2007)]). Cette dépendance verticale entre les niveaux est plus au moins marquée selon la zone de la troposphère. Par exemple, sur la Figure 17 on peut noter que les niveaux qui se trouvent entre les intervalles [955, 800] hPa et [161, 423] hPa ont des valeurs de corrélation fortes (>0.6) alors que entre les niveaux 1013 hPa et 471 hPa les valeurs sont plus faibles, ce qui souligne une absence de corrélation entre ces niveaux.

Finalement, la valeur de corrélation entre les niveaux 1013 hPa et 955 hPa pour le cas océanique montre que la relation entre ces deux niveaux est faible grâce à l'action d'une couche de surface très homogène, avec l'écart-type le plus bas de l'ensemble [Alan Betts (1988)]. Pour le cas continental cette relation est plus floue.

Cependant, la matrice de corrélation ne met en évidence que les relations linéaires entre les variables considérées et certaines relations non linéaires entre deux éléments ne conduisent pas nécessairement à des corrélations élevées. De plus, la matrice de corrélation met en évidence la corrélation moyenne entre les niveaux sur l'ensemble de la base de données. Le coefficient de corrélation ainsi obtenu ne permet pas de distinguer l'existence de relations spécifiques à certaines situations. Un approfondissement a donc été réalisé par l'intermédiaire des cartes de Kohonen, décrites ci-après, qui permet d'étudier plus finement la variabilité verticale de la vapeur d'eau à partir d'une partition de l'espace de données, grâce à la visualisation. La réalisation de profils 'types' représentatifs d'une classe de profils et l'étude de l'évolution verticale de ces profils 'types' permet d'observer des évolutions qui peuvent exister dans certaines situations météorologiques et dont ne rend pas nécessairement compte l'étude de la moyenne.

3.5.Analyse par cartes auto-adaptatives de Kohonen

Les cartes auto-adaptatives, ou Self-Organising Maps (SOM) en anglais, sont des méthodes neuronales d'analyse qui permettent de représenter des données multidimensionnelles dans un espace dimensionnel plus petit, généralement une ou deux dimensions, tout en gardant les relations topologiques entre les données [Kohonen (2001)]. Les relations topologiques sont ici les relations qui existent entre les profils.

Les SOM sont composées d'un ensemble de nœuds totalement connectés à la couche d'entrée: tous les nœuds ont une liaison pour chaque composante du vecteur d'entrée. Dans notre cas le vecteur d'entrée est le profil d'humidité représenté par un vecteur de 22 composantes. Chacune des 22 composantes étant à un niveau de pression donné. Les 22 niveaux considérés sont ceux de la Figure 16. Le principe est illustré par le schéma de la Figure 18, avec une carte bidimensionnelle de 3x3 éléments et pour un vecteur d'entrée de dimension n.

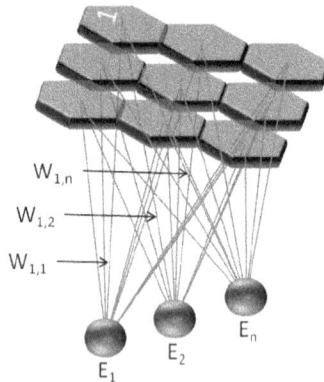

Figure 18: Diagramme d'une carte auto-adaptative de 3x3 avec une entrée bidimensionnelle. W1,1, W1,2,...,W1,n correspondent aux poids synaptiques entre le vecteur d'entrée et la carte.

Le but des cartes auto-organisatrices est de projeter des données avec une grande dimensionnalité dans un espace dimensionnel réduit qui permet une meilleure compréhension de l'ensemble de données. Pour y parvenir on procède à la minimisation d'une fonction coût qui respecte l'ordre topologique induit par la carte. La fonction coût utilisée est:

$$J_{som}^T(x, W) = \sum_{z_i \in A} \sum_{c \in C} K^T(\delta(c, x(HR_i))) \|HR_i - w_c(HR_i)\|^2 \quad (7)$$

et δ désigne la distance discrète entre un neurone c de la carte et l'indice $x(HR_i)$ du neurone associé à HR_i. La distance euclidienne entre un profil d'humidité (HR_i) à son référent sur la carte ($w_c(HR_i)$) est remplacée par une mesure appelée "Distance Généralisée" qui fait intervenir tous les neurones de la carte via la fonction K^T. Grâce à cette fonction paramétrée par terme de température, noté T, la contrainte de voisinage introduite par la topologie de la carte pourra être d'autant plus forte que deux neurones sont proches sur la carte, mais elle peut également se faire sentir même pour des neurones éloignés. C'est l'utilisation de la fonction de voisinage K^T qui introduit les contraintes topologiques dans la représentation finale. En fin d'apprentissage, les poids de chaque neurone convergent vers des valeurs telles qu'un neurone ne sera plus actif que pour un sous-ensemble d'observations bien déterminé. Le vecteur référent W peut être considéré comme une observation moyenne qui résume le sous-ensemble P_c des observations d'apprentissage affectées au neurone c.

La Figure 19 illustre l'évolution de la notion de voisinage au cours de l'apprentissage introduite par la fonction K^T dans la définition de la distance généralisée.

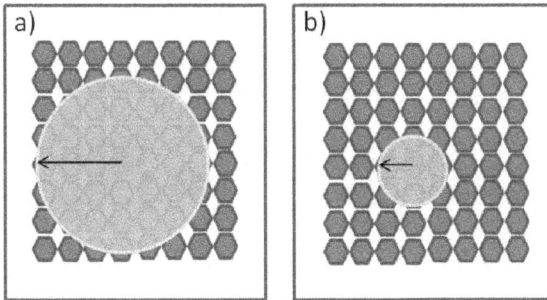

Figure 19: Ampleur du voisinage initial (a) et après "t" itérations (b).

Des cartes de dimension 10x10 ont été apprises sur l'ensemble des 22 niveaux des profils d'humidité relative des radiosondes présentés au Chapitre 2 (océanique et continental). Pour chacune des situations une partition est ainsi réalisée et les Figure 20 et Figure 21 représentent, niveau par niveau, les 100 vecteurs référents (ou prototypes) ainsi obtenus. Chacun des 100 référents correspond à un groupe de profils ayant des caractéristiques similaires. Ces référents sont également caractérisés par un vecteur poids de 22 composantes correspondant aux 22 niveaux de pression.

Dans les cartes de la Figure 20 (cas océanique) on peut ainsi observer une évolution progressive de l'humidité relative par rapport à la pression sauf pour le niveau de surface qui se distingue nettement des autres niveaux. On observe également que les niveaux les plus bas sont les plus humides (rouge) et que ceux correspondants à des altitudes élevées sont généralement plus secs. Pour les cartes 900 hPa et 955 hPa la plus part des référents ont une humidité relative supérieure à 80% (rouge) alors que pour les cartes 275 hPa à 584 hPa la grande majorité des référents ont une humidité relative inferieure à 40% (bleu). Pour chaque niveau, le référent en haut à gauche correspond aux situations les plus sèches quelque soit le niveau de pression considéré, excepté pour les niveaux entre 525 hPa et 661 hPa. A l'opposé le référent en bas à droite correspond à des profils particulièrement humides pour les niveaux au dessus de 380 hPa alors que le référent en haut à droite représente les situations dans lesquelles une importante quantité d'humidité se situe entre 160 et 340 hPa. Ce comportement renvoie aux résultats obtenus par la matrice de corrélation: les niveaux consécutifs de chacun des référents ont des humidités semblables que nous pouvons grouper en couches consécutives, en dehors du niveau de surface qui semble devoir être considéré indépendamment.

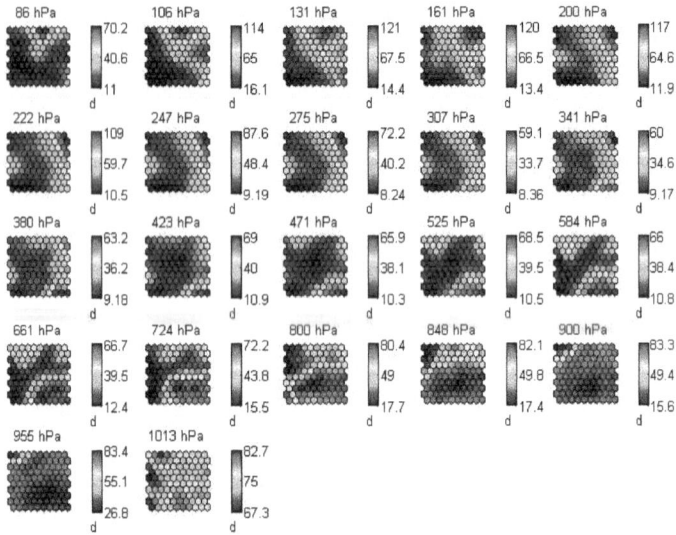

Figure 20: Diagrammes de composants pour chaque niveau de pression, cas océanique. La palette des couleurs correspond aux valeurs d'humidité relative.

Il est vrai aussi que les frontières entre les différentes couches ne sont pas évidentes, mais on peut être guidé par l'apparition ou la disparition de certaines caractéristiques. Par exemple, nous pouvons dire que l'apparition d'humidité plus importante au coin bas-droit au niveau 131 hPa est un indicateur de la nouvelle couche. Cette couche est caractérisée par des pics d'humidité, au coin haut-droit, que nous pouvons observer aussi dans la Figure 16 aux niveaux 161 et 200 hPa. La frontière de la couche suivante est liée à la localisation des cellules très humides au coin haut-droit de la grille et à l'apparition de valeurs d'humidité élevées au coin bas-droit de la grille. La couche suivante est caractérisée par la disparition totale des cellules humides du coin haut-droit et une augmentation progressive des valeurs d'humidité relative du coin bas-droit. La quatrième couche est caractérisée par l'augmentation des cellules humides au coin bas-droit et l'apparition d'un groupe de cellules légèrement humides au coin haut-gauche de la grille. Dans la cinquième couche le groupe de cellules légèrement humides a disparu et les cellules fortement humides deviennent de plus en plus nombreuses. La sixième couche est composée des deux niveaux les plus humides du profil vertical.

Une dernière réflexion sur le niveau à 1013 hPa est liée à son apparente homogénéité (un écart de 15% entre le référent le plus humide et le plus sec), qui suggère l'existence d'une couche très homogène proche de la surface.

Pour le cas continental, présenté dans la Figure 21, on observe un comportement proche du cas océanique en ce qui concerne à l'évolution de l'humidité relative par rapport à la pression. Néanmoins, la variabilité du niveau à 1013 hPa est plus forte par rapport au cas océanique et est plus proche des caractéristiques des niveaux supérieurs, ce qui peut s'expliquer par une évaporation de l'humidité des sols moins importante que pour les surfaces océaniques tropicales.

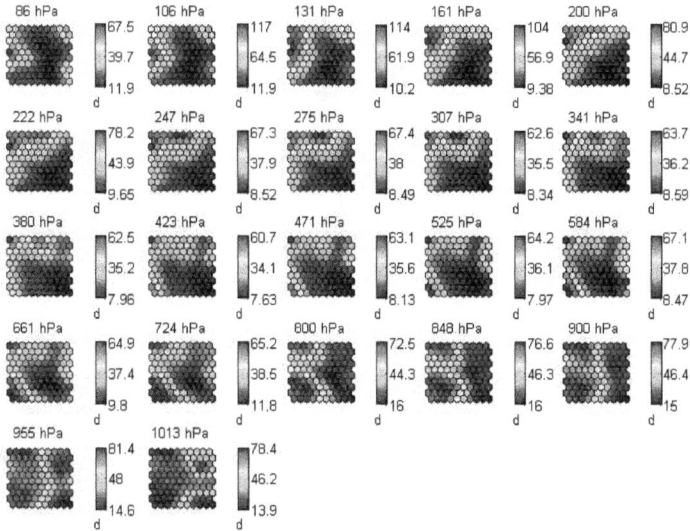

Figure 21: Même chose que la Figure 20, pour le cas continental.

Pour conclure, nous avons observé que la variabilité verticale du champ de vapeur d'eau est faible pour des niveaux successifs et que cette homogénéité nous permet construire des couches qui regroupent les niveaux successifs les plus semblables entre eux sans dégrader leurs caractéristiques physiques ou dynamiques, ce qui nous permet de réduire la dimensionnalité et, en conséquence, simplifier nos modèles. Par ailleurs cette représentation synthétique de nos données nous permettra ultérieurement (Figure 26) de projeter les erreurs des modèles développés afin d'étudier l'erreur obtenue pour chacun des profils référents et d'analyser ainsi la variabilité de l'erreur en fonction des caractéristiques des profils.

3.6. Sélection des couches dans le contexte physique

Ces deux analyses soulignent la possibilité de regroupement des 22 niveaux initiaux des profils d'humidité relative. Après une première définition des couches à partir de l'étude visuelle des Figure 20 et Figure 21, leur définition a été affinée par une méthode empirique qui repose sur la minimisation de la variance intra-couche qui a produit sept couches.

Chacune des couches a été définie en calculant la moyenne de tous les niveaux concernés et, pour montrer que les couches appartiennent à des profils continus d'humidité relative, les frontières des couches s'étendent à mi-chemin entre deux niveaux consécutifs. La détermination de ces 6 couches se base essentiellement sur les structures des SOM:

Couche	Altitudes (hPa)	Niveau(x) (hPa)
1	86-118	86,106
2	118-261	131,161,200,222,247
3	261-401	275,307,341,380
4	401-692	423,471,525,584,661
5	692-874	724,800,848
6	874-955	900,955
7	1013	1013

Si on commence par la **couche de surface**, représentée par le niveau à 1013 hPa: cette couche appartient aux couches extrêmes et, selon les fonctions poids des canaux SAPHIR, on attente des erreurs d'estimation plus fortes. L'instrument MADRAS peut améliorer la restitution par le canal à 23.8 GHz qui est lié au champ de contenu total en vapeur d'eau et les canaux à 157 GHz qui sont liés aux fréquences fenêtres du spectre et sont sensibles aux émissivités de surface et au continuum de la vapeur d'eau.

La **couche six**, qui comprend les niveaux 900 et 955 hPa, est liée à la couche de mélange [Ekman (1905)], placé entre la couche de surface et la troposphère libre, qui est caractérisée par une perte d'influence de la force de frottement au niveau du sol et une augmentation de l'influence de la force de Coriolis.

On a défini autour de la frontière de la couche limite la **cinquième couche**, entre les niveaux 724 et 848 hPa, ces trois niveaux marquent la fin de la couche limite et les niveaux les plus bas de la troposphère libre. Pour les niveaux les plus secs de la troposphère libre, entre 275 et 661 hPa, il a été décidé de les séparer en deux couches (la quatrième et troisième couche). La **quatrième couche** est caractérisée par une diminution progressive de l'humidité relative (entre 423 et 661hPa) et la **troisième couche** (entre 275 hPa et 380 hPa) est une transition aux conditions plus humides de la troposphère libre. La **deuxième couche** décrit le pic d'humidité relative qui se trouve dans la partie haute de la troposphère libre, entre 131 et 247 hPa. Finalement, la **première couche** est la plus élevée de notre système et se trouve autour de la tropopause, entre 86 et 106 hPa.

La Figure 22 montre des diagrammes à moustache pour les couches définies, et celles-ci sont placées au centre de chaque intervalle.

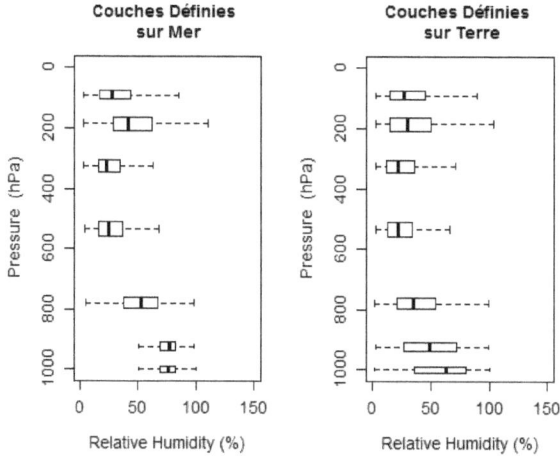

Figure 22: Diagrammes à moustache qui représentent les profils d'humidité relative (%) selon le regroupement en 7 couches proposées suite à l'analyse visuelle des SOM et l'étude des variances, pour les cas océaniques (à gauche) et continentaux (à droite).

4. Conclusions du chapitre

Dans le cadre de la modélisation statistique, la construction de la base de données détermine la qualité de l'estimation. Pour la construction des modèles qui fournissent des valeurs considérées comme valables, la base de données doit être représentative du problème étudié. Afin de construire cette base, on a décidé d'utiliser des valeurs synthétiques de Températures de Brillance des instruments SAPHIR et MADRAS a partir de la base ARSA de radiosondages. Cette base a été filtrée afin d'obtenir des radiosondages ciel clair uniquement, sur une décennie d'années (1998-2008), pour obtenir plus de 40000 profils d'humidité relative.

Les profils d'humidité relative de la base de données ont été analysés et nous avons observé que le champ vertical de vapeur d'eau est une variable avec une forte corrélation entre niveaux successifs, en conséquence, nous pouvons réduire sa dimensionnalité et construire des couches qui reflètent les caractéristiques principales de la variable. En calculant la moyenne entre les niveaux successifs qui se trouvent dans une couche particulière nous avons obtenu 7 couches. Ces 7 couches ont été définies de manière à minimiser la variance intra-couche, les profils ainsi réduits conservent les principales caractéristiques de la distribution verticale de la zone intertropicale. A ces profils sont associées les températures de brillance simulées par le modèle RTTOV aux fréquences des radiomètres SAPHIR et MADRAS.

On obtient finalement une base de données de profils verticaux à 7 couches associés aux 15 températures de Brillance simulées au nadir (SAPHIR et MADRAS) pour des situations de ciel clair. Cette base est constituée de 41000 profils correspondant aux surfaces continentales et 1600 aux surfaces océaniques. Pour chaque type de surface, la base est divisée en deux sous-ensembles : un premier sous-ensemble dit d'apprentissage-validation (70% de la base) et un seconde dit de test (30% de la base). L'ensemble d'apprentissage-validation est destiné à la construction et à la validation des tous les modèles statistiques de notre étude ; une méthode de validation croisée est mise en œuvre en utilisant le même ensemble de données. Plus précisément, la procédure appelée "leave-one-out cross-validation" [Laurent & Cook (1993)] est utilisée ici. C'est sur l'ensemble de test que sont estimées les performances des différents modèles pour permettre l'intercomparaison et aussi pour analyser les erreurs associées.

Chapitre III
Construction des modèles de régression

Ce chapitre présent la méthodologie mise en œuvre pour développer des algorithmes statistiques pour la restitution des profils d'humidité relative à partir des observations des radiomètres SAPHIR et MADRAS.

Trois techniques de modélisation, les perceptrons multicouches (MLP), les modèles additifs généralisés (GAM) et les machines à vecteurs de support (LS-SVM), ont été implémentées en utilisant des procédures appropriées d'apprentissage et validation. Les données utilisées pour l'apprentissage et la validation des modèles sont celles décrites aux paragraphes précédents.

L'article ci-dessous, en cours de révision par le journal "IEEE Journal of Selected Topics in Applied Earth Observations and Remote Sensing" présente la méthodologie et les résultats de l'inversion dans le cas des situations océaniques en condition de ciel clair.

La section 8 présente une synthèse des performances de la méthodologie proposée dans le cas de situations continentales.

Sivira, R., Brogniez, H., Mallet, C., Oussar, Y. (2013). *Comparison of statistical methods for the retrieval of relative humidity profiles from Megha-Tropiques measurements.*

1. Introduction

The relative humidity value in the atmosphere is a key parameter of the climate system and the understanding of its evolution under a climate evolution relies on a thorough documentation of its horizontal and vertical distributions (e.g. [Held & Soden (2000)], [Roca et al. (2010)], [Sherwood et al. (2010)]). It is a major greenhouse gas, part of a strong positive feedback that amplifies the warming caused by increases of greenhouse gases in the atmosphere ([Spencer & Braswell (1997)], [Hall & Manabe (2000)], [Held & Soden (2006)]), and, because of its short life cycle compared to other species, its distribution throughout the atmosphere is mainly influenced by natural processes and play an important role at all scales, such as tropical deep convection, advection of moisture or condensation (e.g. [Houze & Betts (1981)], [Pierrehumbert & Roca (1998)], [Pierrehumbert et al. (2007)]).

There are many ways to measure the atmospheric Relative Humidity Mean: radiosondes, lidar and radar sensors, delays from GPS signal, dew-point hygrometers onboard aircrafts, space-borne radiometers observing from the near-infrared to the microwave parts of the spectrum. While direct measurements by radiosondes is the most simple way to look the relative humidity vertical structure, the network of surface-based observing stations (permanents or not) does not provide a continuous picture of the Earth's atmosphere and various studies have highlighted their accuracy problems. For example, quite recently [Wang & Zhang (2008)] have summarized the systematic instrumental biases between several types of sondes that, if uncorrected, would affect analyses of the moisture field. A global view is provided by the fleet of space-borne radiometers since the late 70's, first in the infrared (6.3 μm band, e.g. METEOSAT) and followed by microwave instruments (183.31 GHz band, e.g. AMSU-B), but the indirect estimation is linked to the constraints on the inverse problem: any retrieval technique is associated to uncertainties that needs to be perfectly known in order to perform sound analyses of trends or processes.

The general context of this study is the Megha-Tropiques mission, launched on October 2011 (http://meghatropiques.ipsl.polytechnique.fr/), that carries two microwave radiometers dedicated to the atmospheric water cycle of the tropical belt. Indeed, microwave techniques give the opportunity to study the relative humidity distribution even through (reasonably) non-scattering clouds, which are almost transparent at frequencies below 100 GHz. In a previous study devoted to the Megha-Tropiques payload, [Brogniez et al. (2011)] showed the expected improvements in relative humidity profile estimations thanks to the combination of those two microwave instruments, highlighting the gain of information for both ends of the troposphere.

The present study is motivated by a desire to explore the potential of recent purely statistical methods in the following problem: given a set of brightness temperatures (BTs) provided by a space-borne radiometer, what is the vertical distribution (i.e. the profile) of relative humidity? Many approaches exist but, to our knowledge, none of them estimate the relative humidity profile from a simple input dataset restricted to satellite brightness temperatures. Indeed, most of the approaches are iterative techniques: a n-dimensional variational algorithm that converges to the least biased profile using, in addition to the satellite data, other inputs as prior knowledge of the system under study (surface emissivity, temperature profile and sometimes a prior water vapor profile for BT simulations...). Those variational techniques are well established ([Kuo et al. (1994)], [Cabrera-Mercadier & Staelin (1995b)], [Rieder & Kirchengast (1999)], [Blankenship et al. (2000)], [Liu & Weng (2005)]) and it would be unnecessary to reinvent a similar algorithm. In fact, our goal here is to extract a maximum information from the radiometer and estimate the accuracy (or error) of estimation of the relative humidity profile in order to state on the constraints of this problem.

Three different kinds of statistical models are implemented and tested to define their respective performances in this context. The first model is the additive model (generalized additive model, hereafter GAM, [Hastie & Tibshirani (1990)]). This model, that was recently applied to relative humidity retrieval context in [Brogniez et al. (2011)], is optimized. The second model is the Multi-Layer Perceptron (MLP) as defined by [Rumelhart et al. (1986)], that is probably the most widespread technique of nonlinear regression. As shown in [Thiria et al. (1993)] MLPs are able to model complex inverse functions in processing noisy data. MLPs have been successfully applied in various fields including remote sensing, with or without prior information (e.g. [Mallet et al. (1993)], [Aires & Prigent (2001)], [Karbou et al. (2005)], [Aires et al. (2010)]). The third technique implemented in our study is a kernel method related to Support VectorMachine (SVM) called the Least Square (LS)-SVMmethod [Suykens et al. (2002)]. Indeed, numerous analysis involving real data in other areas ([Balabin & Lomakina (2011)], [Wun-Hua et al. (2006)]) have shown that SVM based techniques are comparable in efficiency to MLPs and, due to their higher robustness, are therefore strongly recommended by the authors as candidate models for practical applications.

This article is organized as follows: Section 2 proposes a detailed presentation of the problem, with a description of available inputs and outputs, then Section 3 details the statistical models and their design in the study, while Section 4 is dedicated to their optimization. The intercomparison of the models is performed and discussed in Section 5 and Section 6 finally draws a conclusion on the study.

2. Relative Humidity Profiles Estimation: inputs and outputs in the inverse problem

2.1. The input variables: satellite observations

2.1.1. Overview of the Megha-Tropiques mission

Megha-Tropiques is an Indo-French satellite that is dedicated to the observation of the energy budget and of the water cycle within the tropical belt (± 30° in latitude). Launched in October 2011, the platform carries four instruments: MADRAS, a microwave imager for the observation of rain and clouds (Microwave Analysis and Detection of Rain and Atmospheric Structures), SAPHIR, a microwave sounder of tropospheric relative humidity (Sondeur Atmosphérique du Profil d'Humidité Intertropicale par Radiométrie), ScaRaB, a wide band instrument for the measurement of radiative fluxes at the top of the atmosphere (Scanner for Radiation Budget), and ROSA, a GPS receiver (Radio Occultation Sounder for the Atmosphere). In this study, we focus on the combined use of the SAPHIR and MADRAS observations for relative humidity profile retrieval. SAPHIR is the main instrument for relative humidity profile retrieval with 6 channels in the 183.31 GHz humidity strong absorption line: the first channel is close to the center of the band and is thus aimed at reaching the upper levels of the troposphere while the sixth channel is located on the wings of the absorption band and provides a deeper sounding of the atmosphere. The sensitivity functions of the SAPHIR channels are provided on Figure 3 of [Brogniez et al. (2011)]. SAPHIR is a cross-track scanning sounder observing the Earth's atmosphere with a footprint at nadir of 10 km, a scan angle of ±42.96° around nadir (corresponding to a viewing zenith angle of ±50.7°) and 130 non-overlapping pixels per scan line. MADRAS is a scanning imager with 9 channels ranging from 18.7 GHz to 157 GHz, a conical viewing geometry of 53.5° and pixel sizes varying from 40 km at 18.7 GHz (54 pixels per scan line) to 6 km at 157 GHz (356 pixels per scan line). Table 1 summarizes the observational characteristics of the two instruments. In the context of the relative humidity retrieval, the measurements provided by MADRAS can better constraint the problem since its 23.8 GHz can be used for the determination of the total water vapour content (e.g. [Schaerer & Wilheit (1979)]) and the two 157 GHz channels can be used to remove the surface contribution (see [English et al. (1994)]). In fact, because the water vapour continuum is quite strong in the 18.7 - 157 GHz interval, all the channels of MADRAS will be included in the retrieval models in order to use all the possible information provided by the payload.

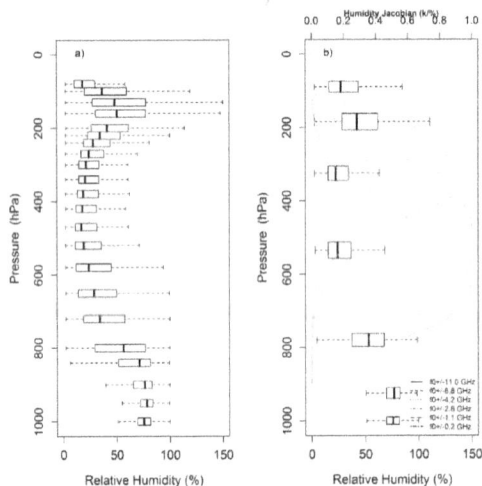

Figure 23: Relative humidity profiles from the database at the initial 22-level resolution (a) and at the reduced 7-layer resolution after clustering (b). For each layer, the box-and-whiskers diagram indicates the median (the central vertical line), and the lower and upper quartiles (left and right edges of the box). The whiskers indicate the lower and upper limits of the distribution within 1.5 times the interquartile range from the lower and upper quartiles, respectively. The 6 weighting functions of SAPHIR, computed for a standard tropical profile observed at nadir viewing angle using the RTTOV radiative code, are also represented. f_o corresponds to SAPHIR central frequency at 183.31 GHz.

2.1.2. Simulation of synthetic observations

At the time of the study, no calibrated observations were made available by the space agencies to the scientific community from the Megha-Tropiques plateform, yielding to use synthetic data. The RTTOV fast radiative transfer model, version 9.3 [Matricardi et al. (2004)], is used to simulate the SAPHIR and MADRAS brightness temperatures (hereafter BTs) from the radiosoundings thermodynamic profiles described in section 2.b. Whereas of the main goal of this work is to design a general retrieval algorithm for both land and oceanic surfaces, the present study focuses on the oceanic situations and puts aside the additional difficulties induced by the continental emissivities that contribute strongly to the microwave upwelling radiation ([Ulaby et al. (1981)] and [Bennartz & Bauer (2003)]). In RTTOV, the oceanic surface emissivities are computed with the FASTEM-3 surface model [Deblonde & English (2001)] with the 10 m wind speed extracted from a 18-year climatology from ERA-Interim [Dee et al. (2011)] (1990-2008, same period as the radiosoundings, see section b below). Indeed, the dependence of the ocean surface emissivity on the angle between the wind direction, that modifies the surface roughness, and the line of sight of the instrument affects the observed microwave upwelling radiation in the 2 lower channels of SAPHIR (183.31 ± 6.8 GHz and ± 11 GHz, with a difference of BT of up to 5K for some cases) and of all the channels of MADRAS. Finally, SAPHIR brightness temperatures are simulated only in the nadir geometry whereas the simulations of the MADRAS brightness temperatures are performed at the radiometer's constant viewing angle of 53.5°.

2.1.3. Ranking and selection

The relevant input variables depend on the atmospheric layer, the pre-processing, and the modeling method. We have ranked the variables using the Gram-Schmidt Orthogonalization (GSO) procedure. For a detailed description of the GSO procedure, see [Chen et al. (1989)]. This method allows ranking the inputs considering a linear relationship between the inputs and the desired output. The relevant variables can be selected using either a filter or a wrapper approach. In the present study, we implement the GSO procedure method according to a wrapper approach. The main advantage of this formulation is that it leads to a more suitable selection given a fixed model architecture. However, the wrapper approach comes with a most important computational burden than the filter formulation. Nevertheless, the computational time is acceptable since the size of the whole input variables set does not exceed 15 elements. For each of the atmospheric layers considered and each of the four preprocessing methods, presented in section a, the GSO procedure leads to a different ranking of the fifteen BTs as input variables.

The wrapper approach proceeds iteratively. At the first iteration, the most relevant variable is used as an input and the validation error of the model is computed. At the following iterations, the other input variables are added incrementally according to their level of relevance and the validation error of the model is computed for each subset of input variables. Therefore, 15 models have been implemented for each of the three proposed modeling methods (GAM, MLP, LS-SVM). Once the models are built, they are compared from their validation errors. Figure 24.a shows the behavior of the validation error with respect to the number of input variables for the retrieval of one layer with the GAM method. This figure shows a monotonic decrease of the validation error meaning that each input adds information and thus tends to improve the model accuracy. Figure 24.b shows the same study for another layer using the MLP method. Unlike on Figure 24.a, the validation error possesses a minimum and its variation is not monotonic. Therefore, for each atmospheric layer, each retrieval model and each pre-processing method the minimum value of the validation error is used to select the optimal subset of input variables.

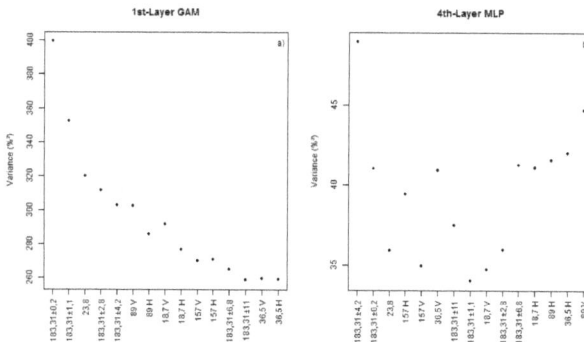

Figure 24: Variance of the error (%²) versus ranked inputs with the Gram-Schmidt Orthogonalization process, a) for the GAM algorithm and the relative humidity of layer 1 and b) for the MLP algorithm and the relative humidity of layer 4.

2.2. The outputs: layered relative humidity profiles

2.2.1. The initial radiosounding profiles

The relative humidity profiles are provided by the operational radiosounding archive used in the ECMWF reanalyses assimilation process, which have been quality checked and reformatted by the Laboratoire de Métérologie Dynamique (namely the ARSA database, http://ara.abct.lmd.polytechnique.fr/index.php?page=arsa). The main aspects of the applied treatments are the discarding of incomplete profiles both in temperature (threshold of 30 hPa) and humidity (threshold of 350 hPa), a vertical extrapolation of the profiles up to 2.10–3 hPa, considered as the top of the atmosphere, followed by a projection on a 43-level fixed pressure grid with a surface level at 1013.25 hPa. For the present work, an additional physical constraint on the relative humidity has been applied in order to remove the extremely dry profiles (RH < 2 %) and the super-saturated layers encountered in the upper troposphere (RH > 150 %, e.g. [Gierens et al. (1999)], [Read et al. (2007)], [Read et al. (2001)]). Finally the profiles are restricted vertically to the whole troposphere, from the surface to 85 hPa (22 levels).

As mentioned earlier only oceanic situations are considered in the presented study and for clear-sky conditions. Indeed, as underlined by [Brogniez et al. (2011)], the representation of the cloudy conditions in a training database still present a limit because reference profiles of cloudy situations with known uncertainties are difficult to gather and thus introduce additional error in the retrieval problem. The training database is thus made of 1631 thermodynamic profiles that cover the tropical oceans (30°S-30°N) over the 1990-2007 period.

2.2.2. Dimensionality reduction with Kohonen Maps

As previously exposed, the model's relevant inputs, the pre-processing methods and the expected accuracy in the estimated relative humidity highly depend on the atmospheric layer. We have thus decided to develop layer-dependent models. For practical reasons, to reduce the number of developed models, we simplified the 22-level profiles to 7-layer profiles using self-organized maps (SOM). In fact, SOM offer a clustering of similar data by displaying similarities among data, taking into account linear and nonlinear relationships [Kohonen (2001)]. We use SOM to produce a low dimensional and discretized representation of atmospheric relative humidity profiles with the aim to group the original levels with similar patterns. In the present case, a non-supervised training with a matrix of 10x10 artificial neurons is performed to minimize the Euclidean distance between the input vectors (relative humidity profiles) and the map (neuron's weight vector). Relative humidity profiles close to one another are represented by a single neuron or two neighbouring neurons. By preserving the neighbourhood on the map's topology, input space structures can be discovered by exploring the feature map. Each neuron of the map can thus be viewed as the prototype of a cluster of similar atmospheric profiles. The 100 neurons thus summarize the 1631 profiles. As explain hereafter, the self-organized maps visualization of the dataset, also named Kohonen maps, are first used to group similar levels. Later, this visualization is also used to analyze the discrepancies of the estimation errors (see section 5).

Figure 25 shows the Kohonen maps for each pressure level of relative humidity profiles. Visual analysis of Figure 25 shows that for successive levels of pressure corresponding maps of humidity are very similar (levels 200 hPa and 220 hPa for example). This means that for the 100 prototypes, that summarize the database, the relative humidity corresponding to these pressure levels is stable. These levels can therefore be grouped together. Overall, the patterns reveal a smooth decrease in the relative humidity from the 955 hPa level to the 86 hPa level, while the map obtained for the surface level at 1013 hPa shows a very different structure; in fact, there are strong differences both in the patterns of the maps and in the range of relative humidity. This led us to separate the surface layer composed by this single level at 1013 hPa from the rest of the troposphere. Above 1013 hPa, the 21 remaining levels are grouped into 6 layers. The atmospheric layers obtained from this visual analysis are then refined to ensure homogeneity. Atmospheric layers with minimal humidity variance, interquartile range and mean-median distance are obtained. In consequence, we built an output relative humidity training dataset composed of 7-layer profiles obtained from the original set: grossly 80-115 hPa, 115-250 hPa, 250-400 hPa, 400-700 hPa, 700-850 hPa, 850-980 hPa and 1013 hPa.

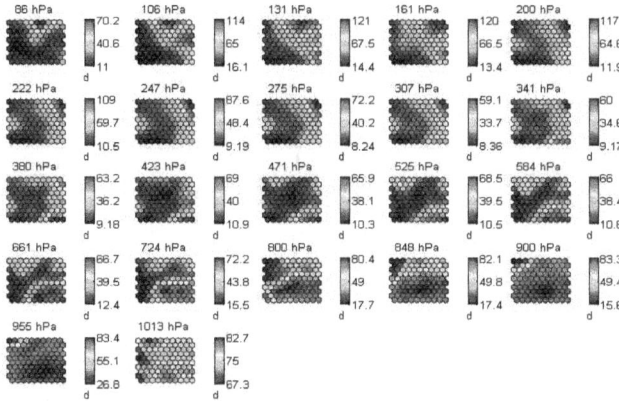

Figure 25: 10 × 10 self-organizing maps of 1631 observations of the relative humidity under clear-sky conditions, for every level from 86.07 hPa to 1013.25 hPa. Note that the color scale is adapted to each map.

Figure 23 shows the result of this vertical reduction from 22 levels to 7 layers using box-and-whiskers diagrams in order to present the principal statistical characteristics of the layers (median, first and third quartile, upper and lower limits of the distribution). The weighting functions, that correspond to SAPHIR channels, show that this radiometer is designed to obtain the description on the vertical structure of the free troposphere (roughly, layers 3 to 6). MADRAS channels should provide information to complete the profile on its edges.

3. Description of the Regression Methods

To ensure the consistency between the mathematical descriptions of the three statistical models, the notation will be as followed: the estimation of the relative humidity at a specific layer i (i $\in$ [1; 7]), namely the output RH^i, is performed from a vector of BTs, the inputs, which is a p-dimensional covariate noted BT (p $\in$ [1; 15]). Thus, for each layer i the training dataset is made of (p + 1)-tuples $\{BT_k, RH_k^i\}_{k=1}^N$, where the cardinality of the set (N) is 1631.

3.1.Multi-Layer Perceptron Algorithm

The Multi-Layer Perceptron (MLP) [Rumelhart et al. (1986)] belongs to the family of artificial neural networks [Haykin (1994)]. MLPs are particular artificial neural networks which architecture consists of fully connected neurons. MLPs are widely used for transfer function approximation, they are attractive candidates thanks to various well known properties: MLPs are adaptive, providing a flexible and easy way of modelling a large variety of physical phenomena. Here adaptive means that the method is able to process a large amount of data or deal with new relevant variables. Even if the calibration of the network takes a long time, its use during an operational phase is very efficient. MLP is a universal function approximator, it can represent any arbitrary functions [Bishop (1995)]. In our case, defining an architecture, i.e. deciding the number of neurons, represents choosing a function family F($\cdot$) in which we seek the best function allowing us to invert brightness temperatures. The MLP can have more than one hidden layer; however, theoretical works have shown that a single hidden layer is sufficient to approximate any complex nonlinear function [Hornik et al. (1989)]. Therefore, in this study a one-hidden-layer MLP is used. It is also possible to express this MLP model in a mathematical way as:

$$\widehat{RH}^i = F(W, BT) \quad (8)$$

Where F($\cdot$) and W corresponds to the transfer function and the synaptic weights matrix of the model.

The main critical point with the MLP method is choosing the number of hidden nodes. There is no theory yet to tell how many hidden units are needed to approximate any given function. As our goal is to create a nonlinear model that generalizes well in unseen input data (BT), the problem of overfitting has to be taken into account. To avoid this problem, the cross-validation approach (see section 4) is used to check for the presence of overfitting and to optimally select adjustable model parameters (weight matrix W) such as to minimize the generalization error.

3.2. Least Square - Support Vector Machines

Support Vector Machines (SVM) belongs to the family of kernel methods. SVM were originally introduced for classification purposes and have been subsequently extended to regression [A. J. Smola (2003)]. In spite of several and efficient techniques for nonlinear static modeling, such as neural nets, SVM are attractive candidates thanks to various interesting properties: SVM are linear in their parameters models, their training algorithm consists in a quadratic minimization under constraints and they have a built-in regularization mechanism. As a result, these properties confer to them the ability to build models with high generalization capabilities by avoiding overfitting and controlling model complexity. Least Square-Support Vector Machines (LS-SVM) is also a kernel method. LS-SVM were proposed to make the SVM approach for modeling more generally applicable, such as for dynamic modeling [Qu (2009)] or for implementing original validation techniques [Cawley & Talbot (2007)]. The SVM and its derived forms have recently found applications in atmospheric sciences, such as in statistical downscaling of precipitation ([Tripathi et al. (2006)], [Anandhi et al. (2008)]), in regression problems [Sun et al. (2005)] or in classification from remote sensing measurements [Lee et al. (2004)].

For nonlinear modeling, the main idea of kernel methods such as SVM or LS-SVM consists in defining a nonlinear transformation $\varphi(\cdot)$ to map the input space to a higher dimension feature space. From this consideration, a linear function $f(\cdot)$ could be formulated in the feature space to determine a nonlinear relationship between inputs and outputs in the original input space, such that:

$$\widehat{RH}^i = f(BT) = w^T \varphi(BT) + b \quad (9)$$

Where $w \in R^n$ (weights) and $b \in R$ (bias term) are the adjustable model parameters (n is the dimension of the feature space).

3.3. Generalized Additive Model

Similarly to LS-SVM, Generalized Additive Models (GAM) have recently been used in environmental studies as a surrogate to traditional MLP thanks to their ability to model nonlinear behaviours while providing a control of the physical content of the statistical relationships. Therefore, among the recent works, one can cite the use of GAMs to perform a statistical downscaling of precipitations (e.g. [Beckmann & Buishand (2002)], [Vrac et al. (2007)]), to analyze time series ([Davis et al. (1998)], [Mestre & Hallegatte (2009)], [Underwood (2009)]) and to solve inverse problems (e.g. [Brogniez et al. (2011)]).

A reasonable number of papers provide in-depth descriptions of the algorithm the GAMs, and one can refer to [Wood (2006)] for a detailed presentation of the theory and implementation of a GAM. We provide here only briefly its main characteristics. A GAM infers the possible nonlinear effect of a set of p predictors $(BT_1 \cdots BT_p)$ to the expectation of the predictant RH^i. It is expressed as followed:

$$g\left(E\left(\widehat{RH}^i \big| BT\right)\right) = \mu^i = \varepsilon^i + f_1(BT_1) + \cdots + f_p(BT_p) \quad (10)$$

Where $g(\cdot)$ is a linearizing link function between the expectation of $\widehat{RH}^i$ given BT and the additive predictors $f_j(BT_j)$, which are smooth and generally non-parametric functions of the covariates $BT_1 \cdots BT_p$. Finally ε^i is the residual that follows a normal distribution. Here, penalized regression cubic splines are used as the smoothing functions and are estimated independently of the other covariates using the "back-fitting algorithm" [Hastie & Tibshirani (1990)]. Part of the model-fitting process is to choose the appropriate degree of smoothness, which is done through a penalty term in the model likelihood, controlled by a smoothing parameter λ. The smoothing degree of the cubic splines is adjusted minimizing:

$$\left\|RH^i - \mu^i\right\|^2 + \lambda \int_0^1 |f''(x)|^2 dx \quad (11)$$

Therefore λ determines the trade off between the goodness of fit of the model and its smoothness: if $\lambda = 0$ there is no smoothing, yielding to a wiggly fitting function, while when if $\lambda \to \infty$ the smoothing dominates the fit.

4. Models intercomparison methodology

In an inverse problem, the quality of the results or the accuracy of the estimate is conditioned on several parameters:

- the clarity of the input-output relationship,
- the relevance of the set of inputs,
- the selection of adjustable parameters,
- and the ability of the validation process to check the generalization capability of the obtained model

Because the nonlinearity between the vector of BTs and the relative humidity at a given layer is more or less strong (e.g. [Soden (1993)], [Brogniez & Pierrehumbert (2006)]), the retrieval of a full profile is performed layer-by-layer, meaning that the three models are adjusted separately for each of the 7 layers.

4.1. Preprocessing step: data analysis

First of all, the 15 BTs are normalized (zero mean and unit variance) in order to avoid the "order of magnitude" problem present in MLP training (overestimation of the contribution of components with higher mean, e.g. [Duda et al. (2001)]). While such normalization does not affect the estimation provided by the GAM (but only the relative weight of each predictor in the fit), the normalized input dataset is the same for all models in order to simplify the process.

Second of all, relationships between the inputs are analyzed in order to test a possible redundancy between them. Indeed, as discussed earlier, the weighting functions of the 6 observing channels of SAPHIR slightly overlap each other and cover the entire absorption band (see Section 2). As a result, while each channel receives mainly the radiation emitted by a given layer of the atmosphere, contribution from layers above and below are not negligible, yielding to some interdependencies between the channels. A Principal Component Analysis (PCA) is thus performed on the input vector to feed each statistical model with uncorrelated and linearly independent data.

Finally, on order to account for the known exponential relation between brightness temperature and the atmospheric relative humidity (e.g. [Ulaby et al. (1981)], [Spencer & Braswell (1997)], [Brogniez & Pierrehumbert (2006)]), the application of the exponential (EXP) function (a link function $g(\cdot)$ mentioned in Section c) on the output is considered as a last pretreatment step, that also has the advantage to ensure the retrieval of positive values.

To summarize, the following constructions have been performed:

- No preprocessing except the normalization step
- PCA transformation on the **BT**
- EXP function applied on the RH^i
- Both PCA on the **BT** and EXP on the RH^i

Beside the normalization applied by default on the BT, the effect of the PCA and EXP transformations have been tested for each statistical model in order to evaluate the sensitivity of each model to the data used as input and output.

4.2. Optimization methods for the design of efficient models

As detailed in the previous section, the results of each statistical model rely on a wide range of model parameters that need to be optimized. These parameters are as follows:

4.2.1. MLP

The MLP internal parameters, the matrix weights W of the connections, must be adjusted from a training dataset. These weights are determined in order to perform the optimal association that is to say to obtain the minimum error. In practice, we minimized the mean quadratic error computed on the training dataset

$$J(W) = \sum_{k=1}^{N} \left(RH_k^i - F(W, BT_k) \right)^2 \quad (12)$$

To obtain the minimum of this multidimensional cost function we used the Levenberg-Marquardt technique [Marquardt (1963)] as this technique is more powerful than the conventional gradient descent techniques. Theory states that, if the architecture of the MLP is well-chosen, the minimization of $J(W)$ is well achieved, and the observation set is consistent with the true field of variables, the MLP gives an accurate approximation of the mean field of the variable RH^i [Bishop (1995)].

$$F(W, BT_k) \approx E\left(RH^i | BT \right) \quad (13)$$

Where $E\left(RH^i | BT \right)$ is the conditional average of the relative humidity RH^i for each brightness temperature vector BT. The learning phase may require long computations due to the minimization process. But during the operational phase the computation time is very fast because all the minimizations have been done during the learning phase and computations are only algebraic operations.

4.2.2. LS-SVM

The training procedure consists in estimating w and b of eq. (9) by the minimization of the cost function:

$$J(w, \varepsilon) = \frac{1}{2} w^T w + \frac{1}{2} C \sum_{k=1}^{N} \varepsilon_k^2 \quad (14)$$

With ε_k the error variable subject to the constraint $\varepsilon_k = RH_k^i - \widehat{RH}_k^i$ ($k = 1, \cdots, N$). This optimization problem can be cast into a dual form with unknown parameters α and b, α being the vector of the Lagrange multipliers. The parameters can be computed by resolving the following system of linear equations:

$$\begin{bmatrix} K + \frac{1}{2C} I_N & 1_N \\ 1_N^T & 0 \end{bmatrix} \begin{bmatrix} \alpha \\ b \end{bmatrix} = \begin{bmatrix} Z \\ 0 \end{bmatrix} \quad (15)$$

With $1_N = [1,1,\cdots,1]^T$, $\alpha = [\alpha_1, \alpha_2, \cdots, \alpha_N]$ and I_N is the identity matrix. K is the kernel function with $K(BT|BT_k)$ defined as the dot product between $\phi(BT)$ and $\phi(BT_k)$. ϕ is a nonlinear function that maps the input data into a higher dimensional feature space. In our study, we use the gaussian kernel function:

$$K(BT|BT_k) = \exp(-\frac{\|BT - BT_k\|^2}{\sigma^2}) \quad (16)$$

This kernel introduces an additional parameter σ which is the gaussian standard deviation. Parameters σ and C are called the hyperparameters of the LS-SVM model. Their values can be optimized using a validation procedure. Hence, the expression of the model becomes:

$$f(BT) = \widehat{RH}^i = \sum_{k=1}^{N} \alpha_k K(BT, BT_k) + b \quad (17)$$

Where α_k and b are the solution to eq. (15).

4.2.3. GAM

The smoothing parameter λ defining the penalized regression splines is estimated using the generalized cross-validation criterion $n\, D/(n - dof)^2$, where dof is the effective degrees of freedom of the model, n is the number of data and D is the deviance of the model. The minimization of this criterion, and hence the estimation of λ, is performed by the numerical method implemented in the software. Details of the method can be found in [Wood (2004)] and [Wood (2006)].

4.3. Models validation and selection

The whole available data forms a set of almost 2000 samples. This dataset is randomly divided into 2 subsets. A subset formed of two-thirds of the available examples is dedicated to the training and validation of the models, while the remaining data forms the test set. For the three modeling methods implemented, several unknown parameters have to be set to their optimal values. These optimal values are determined to maximize the generalization capabilities of the models. In practice, they are tuned to minimize the validation error. For the MLP models, the optimal number of hidden neurons has to be determined. For the LSSVM, both the σ and the C hyperparameters must be optimized. For the GAM models, the smoothing parameter λ has to be set. Therefore, selecting the models consists in the involvement of an efficient validation method. Various validation techniques exist in the literature [Hastie et al. (2009)]. The most popular techniques are probably the cross validation method and the Leave-One-Out (LOO) technique. According to the modeling method, a different validation method is implemented.

4.3.1. MLP

The holdout and the cross validation are among the most used validation techniques for MLP models. The first one suffers from a lack of accuracy while the second one depends strongly on the number of folds which is usually set arbitrarily. In our study, we prefer the Leave-One-Out validation method which however comes with a heavy computational burden (for every initialization of the weights, about 1300 trainings are run). Since we are concerned by comparing three modeling methods, we focus on accurate validation techniques with paying less attention to their computational efficiency.

4.3.2. LS-SVM

Since LS-SVM models are linear in their parameters models, the solution of the training phase is unique and can be computed straightforwardly using the set of linear equations given by relation 15. This holds when the hyperparameters σ and the C are known with fixed values. Usually, these hyperparameters are unknown and must be computed prior to the training phase. A suitable way to proceed consists in selecting the couple (σ, C) that best validates the LS-SVM model. In practice, the generalization capabilities of such black box model are estimated by computing the validation error. Since a fine search is desirable to best optimize the model performance, the computational burden can rapidly become untractable when using either methods. In order to reduce substantially the computational time of the selection procedure without compromising its efficiency, we propose to estimate the validation error using the Virtual Leave-One-Out (VLOO) method. This method, first proposed for linear models [Belsley et al. (1980)] and later extended to nonlinear models [Laurent & Cook (1993)] allows an estimate of the validation error to be computed by performing only one training involving the whole available data. This estimation is exact when dealing with linear-in-their-parameters models, such as LS-SVM models, while it remains an approximation for models which are nonlinear with respect to their parameters. More recently, a framework was described in [Cawley & Talbot (2007)] to implement the VLOO method for LS-SVM models. For a given LS-SVM model, the VLOO error is computed as:

$$\text{VLOO} = \sqrt{\frac{1}{N}\sum_{k=1}^{N}\left\{\frac{\alpha_k}{(M^{-1})_{kk}}\right\}^2} \quad (18)$$

Where N is the size of the training set and $(M^{-1})_{kk}$ is the kth diagonal element of the inverse of matrix M that appears in eq. (15). Thus, the VLOO method permits a fast and exact estimation of the validation error which consists in a great benefit when optimizing the values of the hyperparameters according to a grid search.

4.3.3. GAM

Part of the GAM fitting process is to choose the appropriate degree of smoothness of the regression splines. The smoothing parameter is selected to minimize the generalized cross validation score

(GCV), originally proposed by [Craven & Wabha (1979)], also known as the Leave-One Out cross-validation method already described above.

5. Intercomparison of the statistical models

Overall, 5280 different models are trained, each one corresponding to different possibilities: 7 layers, 4 types of pre-processing, 15-input vector size (from 1 BT up to 15) and 3 models. For each model and layer-by-layer, the 4×15 combinations are evaluated to obtain an optimized configuration. Then the statistical approaches are confronted and compared using the following criteria: the error variance (var), the mean error $\langle\varepsilon\rangle$, the error median and the Pearson's correlation coefficient (R) between the estimated $\widehat{RH}^i$ and the reference RH^i:

$$\text{var} = \frac{1}{N}\sum_{k=1}^{N}\left(RH_k^i - \widehat{RH}_k^i\right)^2 \quad (19)$$

$$\langle\varepsilon\rangle = \sum_{k=1}^{N}\left(RH_k^i - \widehat{RH}_k^i\right) \quad (20)$$

$$R = \frac{\text{cov}(RH^i,\widehat{RH}^i)}{\sqrt{\text{var}(RH^i)*\text{var}(\widehat{RH}^i)}} \quad (21)$$

5.1. Intra-Models Results

Table 2 summarizes the final characteristics of the optimized methods for each of the 7 layers, with the details on the possible input and output processings, on the models parameters and with the relevant inputs. From a practical point of view, PCA pre-processing needs the use of all the 15 BTs to compute the principal component C_i as model input. However, the detailed statistics (not shown) revealed that whatever layer or algorithm considered, the improvement obtained with PCA is negligible (< 3% of the error variance). The use of uncorrelated inputs is thus not necessarily required for the considered models. Concerning the exponential function, no significant improvement is observed for LS-SVM or GAM models (< 3% of the error variance). The linearization of the problem with the exponential function is almost beneficial only for MLP model: in this case it can lead to a decrease of the error variance of the order of 50%.

Table 2 gives the best set obtained for the input selection, however when looking at the error variance evolution as a function of the input number, such as illustrated on Figure 24.a, a significant decrease is followed by a rather flat behavior, which makes the choice of the optimal input set difficult. In practice, the GSO method (section 3) used to reduce the complexity of developed algorithms by reducing the number of relevant inputs, is implemented with a threshold of 10% on the variation of the variance: the inputs that enhance the error variance less than 10% are not taken into account. Thus, except for layer 5 where the input set of the different approaches is significantly different, the same inputs could be used for the different models with few damages. For example, for layer 4, the best set is $(S_3, S_4, S_5, S_6, M_3, M_4)$, if M_9 is added, the error variance decreases from $16.5\%^2$ to $15\%^2$ for GAM model, and increases from $8.2\%^2$ to $9.5\%^2$ for MLP model. In these two cases the difference is relatively small. The selected inputs are only weakly dependent on the model used but are highly dependent on the corresponding layer. Overall, whatever the model, the use of

MADRAS channels generally improves the retrievals of the relative humidity on the edges of the profiles.

Layer # (hPa)	Stat. Model	Input Processing	Output Processing	Model Parameters	Channels (S=SAPHIR, M=MADRAS, C=PCA Component)
#1 (80-115hPa)	MLP	PCA	Exp	12-4-1	C1,C2,C3,C4,C5,C6, C7,C8, C9,C10, C11,C15
	GAM	-	Exp	λ_s	S1,S2,S3,S4,S5,S6 M1,M2,M3,M4,M6,M8,M9
	LS-SVM	-	Exp	$[5;1e^3]$	S3,S4,S5,S6 M1,M2,M3,M4
#2 (115-250hPa)	MLP	-	Exp	7-2-1	S1,S2,S3,S4,S5,S6 M2
	GAM	-	-	λ_s	S2,S3,S4,S5,S6
	LS-SVM	-	-	$[10;1e^4]$	S2,S3,S4,S5,S6 M6,M7
#3 (250-400hPa)	MLP	-	Exp	6-12-1	S2,S3,S4,S5,S6 M8
	GAM	-	Exp	λ_s	S1,S2,S3,S4,S5,S6 M2,M4,M8
	LS-SVM	-	-	$[5;1e^3]$	S1,S2,S3,S4,S5,S6 M3,M4,M7,M8,M9
#4 (400-700hPa)	MLP	-	Exp	6-8-1	S3,S4,S5,S6 M3,M4
	GAM	-	Exp	λ_s	S3,S4,S5,S6 M3,M4,M9
	LS-SVM	PCA	-	$[10;1e^4]$	C1,C2,C3,C4,C5,C6 C8,C9,C12,C13
#5 (700-850hPa)	MLP	-	Exp	14-8-1	S1,S2,S3,S4,S5,S6 M1,M2,M3,M4,M5,M6,M8,M9
	GAM	-	Exp	λ_s	S2,S3,S5 M1,M8,M9
	LS-SVM	PCA	Exp	$[10;1e^4]$	C1,C2,C3,C4,C5,C6 C8,C9,C11,C12,C13,C14
#6 (850-980hPa)	MLP	PCA	Exp	12-4-1	C2,C3,C4,C5,C6 C8,C9,C11,C12,C13,C14,C15
	GAM	-	-	λ_s	S1,S2,S3,S4 M1,M2,M3,M4,M5,M6,M7,M8,M9
	LS-SVM	-	-	$[10;1e^4]$	S1,S2,S3,S4 M1,M2,M3,M4,M5,M6,M7,M8,M9
#7 (1013hPa)	MLP	PCA	Exp	8-2-1	C1,C3,C4 C7,C8,C9,C12,C13
	GAM	PCA	-	λ_s	C1,C3,C4 C7,C9,C11,C12,C13
	LS-SVM	-	-	$[20;1e^4]$	S2,S3,S4,S5,S6 M1,M2,M3,M5,M6,M7,M8,M9

Table 2: Summary of the optimized configurations for each statistical model, obtained for each layer. The model parameters are: the number of input-hidden-output neurons for MLP, the smoothing parameters λ_s for GAM (one for each input, and thus for each spline), σ (kernel width) and C (regularization) of LS-SVM.

5.2. Intercomparison of models

Once optimized, an intercomparison of the three approaches is performed, layer-by-layer, through profiles of calculated Pearson's correlation coefficient and error bias and standard deviation between observed and estimated humidity relatives values (Figure 28), we also performed an error probability distributions study (Figure 29). At first sight, the analyze of one layer at a time clearly shows that the overall quality of the retrieval is layer-dependent, meaning that it is strongly constraint by the physical limits of the inverse problem. Thus, the layers covering the free troposphere (layers 2 to 6) are quite well modeled, with small variances reaching values between 7 and 62%^{2} (translating into 2.6% and 7.8% in terms of standard deviation), and are characterized by a small scatter, with correlation coefficients lying in the 0.85 - 0.97 interval. Hence, the combined use of the SAPHIR and MADRAS BTs is enough to explain more than 75% of the variability of the relative humidity at these layers. The retrieval of the relative humidity of the extreme layers (layer 1 for the top of the atmosphere, layer 7 for the surface) seems more delicate and is indeed limited by the inputs: as illustrated on Figure 23 the 6 channels of the SAPHIR radiometer observe the emitted radiation grossly between 150 and 850 hPa, and although MADRAS brings some additional relevant measurements, other information such as the surface emissivity or temperature might contribute significantly to better constrain the retrieval at the surface.

Figure 28 and Figure 29 reveal also that the 3 methods perform equivalently: the correlation coefficients and variance are very close, as well as the distributions of the errors. However, the MLP approach provides slightly more biased estimations of the relative humidity throughout the troposphere (Figure 29) while the GAM and LS-SVM methods are more centered. This distinction is event more pronounced for the surface layer with retrievals of relative humidity characterized with a 6.9% bias when using the MLP whereas the bias goes down to 0.06 – 0.07% with GAM and LS-SVM. The distributions of errors strengthen the previous commentary with narrower distributions of error for the central layers and more spread distributions on the edges.

In order to have a structural view of the errors, they are projected on the 10x10 Kohonen maps that were obtained on the radiosounding database (Figure 25) and the resulting projections are shown on Figure 26. This allows to analyze the retrieval errors with respect to the clusters of relative humidity revealed by the maps. Hence, a pattern of a large bias (~44%) clearly stands out of the map of layer 1 for the 3 approaches, and this bias is associated to the neurons related to a moist structure at this top layer: the 3 approaches have thus the same difficulties when dealing with a moist tropopause. The same statement can be made for the 2nd layer, with the neurons associated to the larger bias being also associated to the more humid neurons of this layer. There is no clear pattern standing out of the remaining layers, even for the surface layer, meaning that the errors are evenly distributed among the database. A sample of profiles is presented on Figure 27, with the observed relative humidity and the 3 estimations using the 3 approaches. As discussed above the top layer is the less well retrieved from the set of BTs, whatever the approach, while the mid-layers (3 to 6, i.e. 400 - 980 hPa) are pretty well modeled.

The LS-SVM technique provides overall the best results, with the highest correlation coefficients and the lowest variance for 5 layers over the 7 considered in this study. In fact, theoretically, these 3 learning methods are equivalent. However, the conditions of their implementation are somewhat different. First of all, since the LS-SVM are linear-in-their-parameters models, an exact validation method was implemented. The resulting selection procedure is quite efficient. Therefore, models with high generalization capabilities are designed and selected. Also, MLP models are nonlinear with respect to the adjusted parameters. Their training amounts to a nonlinear optimization. Several trainings with different initializations must be performed with no guarantee to achieve the best generalization capability given a network architecture. From this point of view, the LS-SVM approach is then more successful.

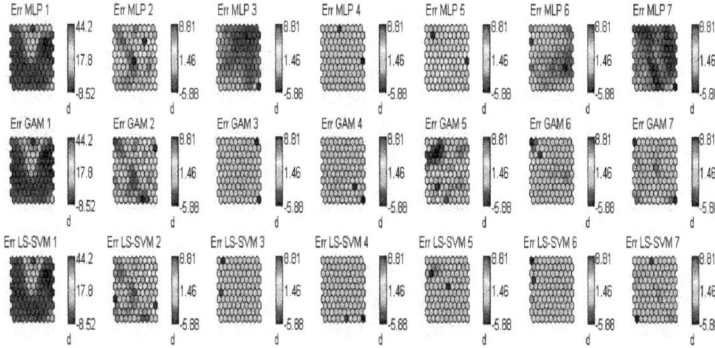

Figure 26: Projection of the layer-dependent errors on the 10 × 10 self-organizing maps of Figure 25, for each statistical model: the upper panel is for the MLP algorithm, the middle panel is for GAM and the lower panel is for LS-SVM. Note that the color scales are identical among the 3 models, for each layer

Finally, concerning GAM model, the used smoothing splines guarantee nonlinear behavior, continuity and smoothness; these characteristics are important to the learning algorithm. Another convenient characteristic for splines is its monotonicity. Indeed, the backpropagation algorithm (an extension of Least Mean Squares algorithm) can estimate parametric and non-parametric components of the model simultaneously. It is important to underline here that one of the scope of this work is to design a retrieval technique that will be implemented in a real time framework, in the context of the Megha-Tropiques data exploitation. Therefore, the computational burden they involve is a critical point. LS-SVM models necessitate the availability of the whole training set to predict the value of an output given a set of input variables. The calculations they necessitate require more resources than GAM and MLP models. Counter to the training and validation phase, MLP models are more cost effective than GAM and LS-SVM models, while the LS-SVM model has the biggest cost at the operating phase.

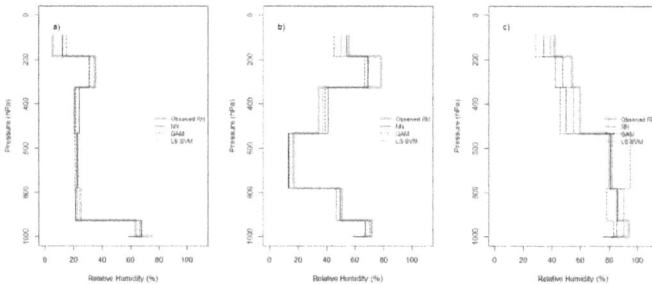

Figure 27: Examples of estimations of relative humidity profiles extracted from the database. The observed profile is the thick gray line and the 3 estimations (plain, dashed, dots) are in black.

Layers

0 0,1 0,2 0,3 0,4 0,5 0,6 0,7 0,8 0,9 1   -3 -2 -1 0 1 2 3 4 5 6 7   0 2 4 6 8 10 12 14 16

Correlation Coefficient   Error Bias (%)   Error Standard Deviation (%)

MLP
GAM
LS-SVM

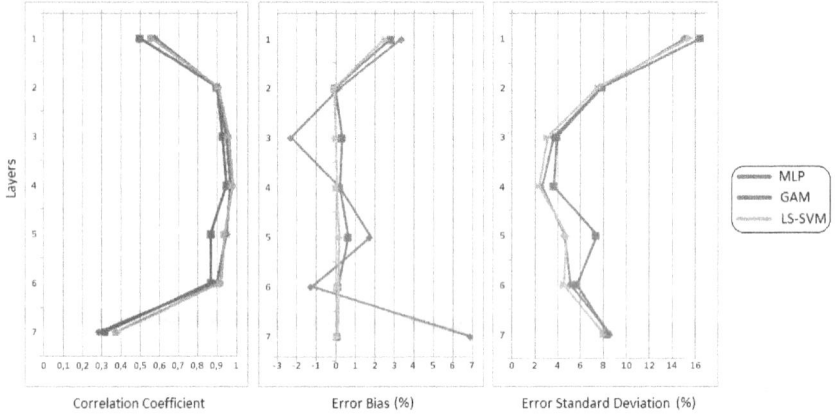

Figure 28: Calculated values comparisons of Pearson's correlation coefficient (left), error bias (center) and error standard deviation (right) between observed relative humidity and relative humidity estimated by MLP (bleu), GAM (red) and LS-SVM (green) models from the top layer (layer 1) to the bottom layer (layer 7). In each case, the optimized version described in Table 2 is used.

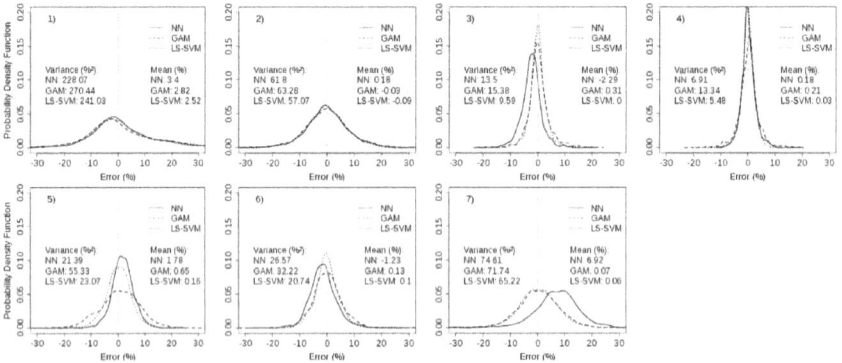

1)
Variance (%²)
NN: 228.07
GAM: 270.44
LS-SVM: 241.03
Mean (%)
NN: 3.4
GAM: 2.82
LS-SVM: 2.52

2)
Variance (%²)
NN: 61.8
GAM: 63.28
LS-SVM: 57.07
Mean (%)
NN: 0.18
GAM: -0.09
LS-SVM: -0.09

3)
Variance (%²)
NN: 13.5
GAM: 15.38
LS-SVM: 9.59
Mean (%)
NN: -2.29
GAM: 0.31
LS-SVM: 0

4)
Variance (%²)
NN: 6.91
GAM: 13.34
LS-SVM: 9.48
Mean (%)
NN: 0.18
GAM: 0.21
LS-SVM: 0.03

5)
Variance (%²)
NN: 21.39
GAM: 55.33
LS-SVM: 23.07
Mean (%)
NN: 1.78
GAM: 0.65
LS-SVM: 0.16

6)
Variance (%²)
NN: 26.57
GAM: 32.22
LS-SVM: 20.74
Mean (%)
NN: -1.23
GAM: 0.13
LS-SVM: 0.1

7)
Variance (%²)
NN: 74.61
GAM: 71.74
LS-SVM: 65.22
Mean (%)
NN: 6.92
GAM: 0.07
LS-SVM: 0.06

Figure 29: Probability distribution functions of the error between the observed and the estimated relative humidity (in %) for each layer. The 3 distributions (plain, dashed, dots) are for the 3 statistical models (resp. MLP, GAM, LS-SVM). The gray vertical line indicates the null error. The mean bias (in %) as well as the variance (in %2) are given for each layer and each model.

6. Conclusion

The purpose of this study is to compare the performances of 3 purely statistical approaches for the estimation of a relative humidity profile, given a set of brightness temperatures provided by the SAPHIR and MADRAS microwave radiometers onboard the Megha-Tropiques plateform. The basic idea is to use only the satellite measurements as inputs of the inverse problem in order to test only the information content of these measurements and thus explore the limits of the exercise. To do so, a 18-year dataset of radiosounding thermodynamic profiles covering the tropical belt (±30°) is used in combination with a radiative transfer model to get coincident synthetic BTs, no calibrated observation being available at the time of this study.

Using self-organizing maps, the study of the relative humidity measurements from the soundings lead to cluster successive vertical levels of relative humidity in order to estimate wide layers of similar patterns of relative humidity, thus reducing the dimension of the problem from a 22-level profile retrieval to a 7-layer profile retrieval.

From this context, the Multi-Layer Perceptron algorithm (MLP), the Least-Square Support VectorMachine (LS-SVM) and the General Additive Model (GAM) have been optimized and validated following specific methods ensuring a minimization of the error. Similar results in all optimized models demonstrates the models independence and evidences physical constraints which impede better results; in relation to accuracy obtained, the LS-SVM model reach better results coupled to highest calculation time.

The intercomparison of the models points towards the definition of the problem given the available inputs: the combination of SAPHIR and MADRAS makes it possible to estimate the relative humidity of the 950-250 hPa part of the troposphere with a small error (max bias of 2.2%) and scatter (min correlation of 0.87) while near the tropopause and at the surface, the retrieval capacity is clearly constraint by the information content of the inputs, whatever the model. Of course, the use of a retrieval technique (e.g. non-linear black-box modeling, variational) using prior physical information is expected to further improves the estimation: for instance, the surface layer should clearly benefit from prior knowledge of the surface temperature and total water vapour content. In fact, confrontation with existing works based on methods combining physical constraints with statistical tools ([Kuo et al. (1994)]; [Cabrera-Mercadier & Staelin (1995b)]; [Rieder & Kirchengast (1999)]; [Blankenship et al. (2000)], [Liu & Weng (2005)]; [Aires et al. (2012)]) shows that our 3 optimized models have similar performances even though there is no prior knowledge of the atmospheric conditions, with root mean square errors of about 10% in the mid-troposphere (our layers 3 and 4). While the addition of a physical constraint seems essential for the surface and top-of-thetroposphere layers, a first guess would have little impact on performances over the midtroposphere, and the Megha-Tropiques payload seems to bring enough information to the inverse problem.

Despite the focus of the present study on oceanic and cloud-free conditions, these results naturally yields to expect improvements of the current retrievals over land, where the role of the surface emissivity on the measured brightness temperature at the top of the atmosphere makes it difficult to separate the contribution of the surface from the one of the low-level atmosphere. The use of an emissivity atlas, such as the one developed by [Prigent et al. (2006)], should help dealing with such problem.

From these results, our next step is to focus on the estimation of the conditional error associated to the retrieval method in order to define confidence intervals together with the expectation of the relative humidity given the set of inputs. The aim here is to provide the probability density function of the relative humidity on given BTs and also address the issue of non-Gaussian distribution of the relative humidity at a given height. The knowledge of such information should be a great tool for the process studies based on geophysical products estimated from indirect measurements.

7. Acknowledgment

The authors thanks the LMD/ABC(t)/ARA group for producing and making available to the community their "ARSA" radiosounding database (available from http://ara.abct.lmd.polytechnique.fr/index.php?page=arsa). The different statistical models have been implemented and optimized using either Matlab (the somtoolbox package is freely available from the Laboratory of Computer and Information Science) or the R free software (the gam and AMORE packages are freely available from the Comprehensive R Archive Network -CRAN).

8. Extension aux données continentales

Les résultats montrés dans l'article sont restreints aux profils océaniques. La même méthodologie a ensuite été appliquée pour les profils continentaux, c'est-à-dire la séparation d'un ensemble d'apprentissage-validation et d'un ensemble de test. La différence principale est la quantité de données disponibles car sur les continents les stations météorologiques réalisent plus de radiosondages quotidiennement. Ceci est bien sûr important pour des analyses à long terme mais l'intérêt est limité pour nos besoins. En effet, les modèles construits doivent être représentatifs de la zone tropicale et une spécialisation sur une zone spécifique de la terre diminuera les performances globales des modèles. Nous avons donc, limité à 30 radiosondages par station afin d'éviter une spécialisation des nos modèles aux certaines zones très fréquemment observées.

Après ce filtrage nous avons obtenu un ensemble de 1500 profils d'humidité relative et des températures de brillance synthétiques de SAPHIR et MADRAS associées, que nous avons divisé en deux sous-ensembles (apprentissage-validation et test) avec la même procédure que celle suivie pour le cas océanique.

Une fois que l'apprentissage a été fait, ave les meilleures combinaisons des entrées, classifiées avec la méthode d'orthogonalisation de Gram-Schmidt, et les prétraitements adaptés pour les trois modèles pour chaque couche, nous avons procédé à une intercomparaison dont les résultats sont présentés dans le Tableau 3.

La Figure 30 illustre les performances obtenues pour chaque modèle dans chaque couche, elle nous montre des comparaisons entre les coefficients de corrélation de Pearson (gauche) et les biais (centre) et l'écart-type (droite) de l'erreur calculée entre l'humidité relative observée et estimée. On observe que, en cohérence avec le cas océanique, les modèles ont des coefficients de corrélation semblables pour chaque couche et que la meilleure restitution se trouve aux couches de moyenne altitude. Par contre, la variabilité dans la couche de surface est plus forte pour le cas continental, et nous avons obtenu des résultats meilleurs par rapport au cas océanique. La Figure 31 nous montre les fonctions de densité de probabilité (pdf) de l'erreur calculée entre l'humidité relative observée et estimée ($\varepsilon = HR - \widehat{HR}$) et nous pouvons observer que pour les couches 1, 2, 4, 5 et 6 la pdf obtenue par le modèle GAM nous montre une fonction plus aplatie que les autres, ce qui suggère une bande d'erreur plus large, et donc une restitution moins précise malgré sa précision sur le scatter-plot de la Figure 30.

Une caractéristique importante vis-à-vis du cas océanique correspond au biais de l'erreur, il est plus proche de zéro dans toutes les couches et modèles; spécifiquement, le modèle neuronale dans la septième couche présent une pdf centrée en 10%, l'écart le plus fort de tous les modèles.

Layer # (hPa)	Stat. Model	Input Processing	Output Processing	Model Parameters	Channels (S=SAPHIR, M=MADRAS, C=PCA Component)
#1 (80-115hPa)	MLP	-	Exp	14-8-1	S1,S2,S3,S4,S5,S6 M1,M2,M4,M5,M6,M7,M8,M9
	GAM	-	-	λ_s	S1,S2,S3,S4,S5,S6 M1,M2,M3,M4,M5,M6,M7,M8,M9
	LS-SVM	-	Exp	$[20;1e^4]$	S1,S2,S3,S4,S5,S6 M1,M2,M4,M5,M6,M7,M8,M9
#2 (115-250hPa)	MLP	-	Exp	8-8-1	S1,S2,S3,S4,S5,S6 M6,M9
	GAM	-	-	λ_s	S1,S2,S3,S4,S5,S6 M1,M2,M3,M4,M6,M7,M8,M9
	LS-SVM	-	-	$[20;1e^4]$	S1,S2,S3,S4,S5,S6
#3 (250-400hPa)	MLP	-	Exp	10-4-1	S1,S2,S3,S4,S5,S6 M1,M3,M7,M8
	GAM	-	Exp	λ_s	S1,S2,S3,S4,S5,S6 M1,M2,M3,M4,M5,M6,M7,M8,M9
	LS-SVM	-	-	$[10;1e^4]$	S1,S2,S3,S4,S5,S6 M4,M5,M7,M8,M9
#4 (400-700hPa)	MLP	-	Exp	12-16-1	S1,S2,S3,S4,S5,S6 M1,M2,M3,M5,M6,M8
	GAM	-	-	λ_s	S1,S2,S3,S4,S5,S6 M1,M2,M3,M4,M5,M6,M7,M8,M9
	LS-SVM	-	-	$[10;1e^4]$	S1,S2,S3,S6 M1,M2,M3,M5,M8,M9
#5 (700-850hPa)	MLP	-	Exp	15-4-1	S1,S2,S3,S4,S5,S6 M1,M2,M3,M4,M5,M6,M7,M8,M9
	GAM	-	-	λ_s	S1,S2,S3,S4,S5,S6 M1,M2,M3,M4,M5,M6,M7,M8,M9
	LS-SVM	-	-	$[10;1e^4]$	S1,S2,S3,S4,S5,S6 M1,M2,M4,M5,M6,M7,M9
#6 (850-980hPa)	MLP	-	Exp	13-12-1	S1,S2,S3,S4,S5 M1,M2,M3,M4,M5,M6,M7,M9
	GAM	-	Exp	λ_s	S1,S2,S3,S4,S5 M1,M2,M3,M4,M5,M6,M7,M9
	LS-SVM	-	Exp	$[10;1e^4]$	S1,S2,S3,S4,S5,S6 M1,M2,M3,M4,M5,M6,M7,M8,M9
#7 (1013hPa)	MLP	-	Exp	10-8-1	S1,S2,S3 M1,M3,M4,M5,M6,M7,M9
	GAM	-	-	λ_s	S1,S2,S3,S4,S5,S6 M1,M2,M3,M4,M5,M6,M7,M8,M9
	LS-SVM	-	-	$[20;1e^4]$	S1,S2,S3,S4,S5,S6 M1,M2,M3,M4,M5,M6,M7,M8,M9

Tableau 3: Résumé des modèles statistiques optimisées pour chaque couche. Les paramètres des modèles sont: la quantité des neurones présents dans chaque couche du perceptron multicouche, le paramètre de lisage des splines pour le modèle GAM, σ (l'ampleur du noyau) et C (régularisation) du LS-SVM

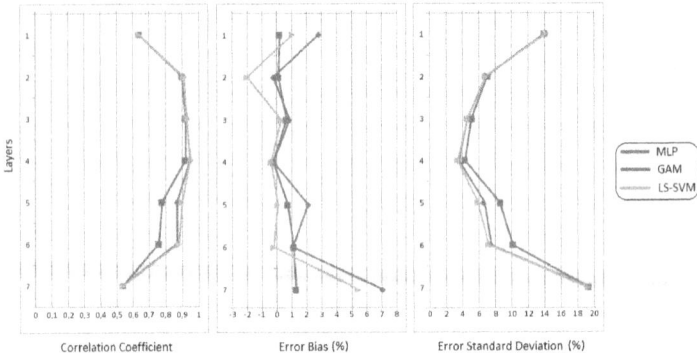

Figure 30: Comparaisons entre les valeurs calculées du coefficient de corrélation de Pearson (à gauche) et le biais (centre) et l'écart-type (à droite) de l'erreur entre l'humidité relative observée par les radiosondages et l'humidité relative estimée par les modèles MLP (trait bleu), GAM (trait rouge) et LS-SVM (trait vert) de la couche la plus haute (Couche 1) jusqu'à la couche de surface (Couche 7). Pour chacun de cas le modèle le plus performant a été utilisé (Tableau 3).

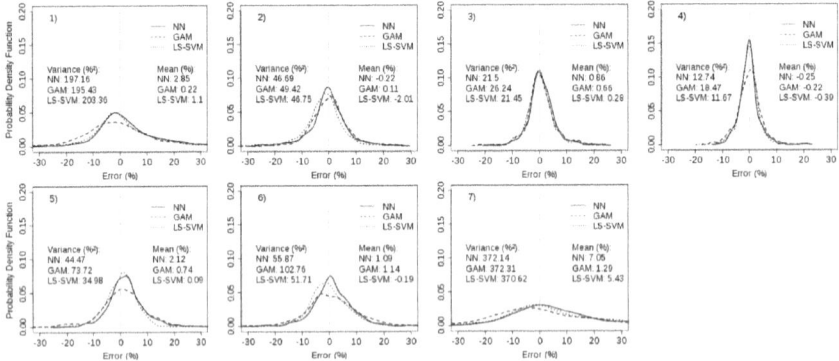

Figure 31: fonction de probabilité de l'erreur générale entre l'humidité relative observée et estimée (%) pour chaque couche. Les trois fonctions (Pleine, pointillée, points) correspond à chacun de trois modèles statistiques (MLP, GAM et LS-SVM respectivement). La ligne verticale en gris correspond au biais nul. Les moyennes des erreurs (%) ainsi que la variance (%2) sont calculées pour chaque couche et chaque modèle.

9. Conclusions du chapitre

Le but de cette étude est de comparer les performances de 3 approches purement statistiques pour l'estimation d'un profil d'humidité relative, à partir des températures de brillance fournies par les radiomètres microonde SAPHIR et MADRAS, embarqués sur la plateforme Megha-Tropiques. L'idée de base est de n'utiliser que les mesures satellitaires comme entrées du problème inverse afin de vérifier le contenu d'information de ces mesures et donc explorer les limites de l'exercice. Pour réussir dans cette tâche, un ensemble de 18 ans de profils thermodynamiques de radiosondage couvrant la ceinture tropicale (±30°) est utilisé en combinaison avec un modèle de transfert radiatif pour obtenir les températures de brillance synthétiques coïncidentes, aucune observation calibrée n'étant disponible au moment de cette étude.

En utilisant les cartes auto-organisatrices, l'étude des mesures d'humidité relative à partir de radiosondages nous a permis de grouper les niveaux consécutifs d'humidité relative avec l'objectif d'obtenir des couches qui présentent des profils similaires pour chaque groupe, en réduisant la dimensionnalité du problème de restitution des profils depuis 22 niveaux à 7 couches.

Dans ce contexte, les modèles de perceptron multicouches (MLP), Least-Square Support Vector Machines (LS-SVM) et le Modèle Additif Général (GAM) ont été optimisés et validés en suivant des méthodes spécifiques pour assurer une minimisation de l'erreur calculée. Les résultats obtenus démontrent l'indépendance du problème aux modèles utilisés et mettent en évidence des contraintes physiques qui empêchent l'obtention des meilleurs résultats. Finalement, le modèle LS-SVM est le plus performant, malgré des temps de calculs plus importants. Aussi le modèle GAM présente de manière systématique une variance de l'erreur plus importante et des coefficients de corrélations plus faibles.

L'intercomparaison des modèles permet d'analyser le problème d'inversion en utilisant les entrées disponibles: la combinaison des mesures de SAPHIR et MADRAS permet une bonne estimation de l'humidité relative entre 950-250hPa, avec une erreur caractérisée par un biais (<2.2% pour les deux cas) et un écart-type faibles. Quelque soit le modèle inverse utilisé, la quantité d'information contenue dans les mesures ne permet pas d'estimer avec une aussi bonne précision les valeurs de l'humidité relative aux extrêmes du profil (proche de la tropopause et la couche de surface), bien que la restitution pour le cas continental soit plus performante pour les deux couches les plus basses (couches 6 et 7). Bien sûr, il est possible d'améliorer la précision de l'estimation en ajoutant des informations complémentaires. L'estimation de la couche de surface peut par exemple bénéficier d'information a priori de la température de surface et du contenu total en vapeur d'eau. En fait, en comparant avec des études antérieures basées sur des approches qui ajoutent des contraintes physiques à la modélisation statistique ([Kuo et al. (1994)], [Cabrera-Mercadier & Staelin (1995b)], [Rieder & Kirchengast (1999)], [Blankenship et al. (2000)], [Liu & Weng (2005)], [Aires et al. (2012)]) on observe que les modèles développés ici obtiennent des résultats similaires, avec une erreur moyenne autour de 10% aux altitudes moyennes (nos troisième et quatrième couches). Les contraintes physiques sont, dans le cas des algorithmes statistiques, apprises à partir des données d'apprentissage, ces dernières étant obtenues par le modèle radiatif appliquées à des profils atmosphériques réalistes. On constate en revanche que pour les couches dites "extrêmes" (surface ou en haut de la troposphère) l'addition des contraints physiques apporte une amélioration significative. Les instruments du satellite Megha-Tropiques apportent donc une information suffisante pour la restitution de l'humidité relative aux altitudes moyennes.

Étant donné la dispersion importante des erreurs de restitution, la suite de cette étude est consacrée à l'estimation de l'erreur conditionnelle associée à la restitution. L'objectif est d'associer des intervalles de confiance couplés à la valeur estimée de l'humidité relative conditionnelle aux températures de brillance. L'objectif est donc d'estimer la fonction de densité de probabilité de l'humidité relative à partir des TB et aussi de vérifier les caractéristiques gaussiennes de cette fonction aux différentes altitudes. Cette information peut apporter des connaissances très utiles pour les études futures des produits géophysiques à partir de mesures indirectes.

Chapitre IV
L'erreur conditionnelle

1. Introduction

La section précédente décrit les modèles utilisés et les procédures qui permettent obtenir des profils d'humidité relatives (HR) disposés en sept couches successives distribuées verticalement dans l'atmosphère.

En raison de la variabilité des différentes grandeurs qui interviennent dans l'équation de transfert radiatif, des valeurs d'humidité relative relativement différentes peuvent conduire à des vecteurs de TB proches. Les algorithmes développés permettent d'estimer la valeur moyenne de l'humidité relative ($\widehat{HR}$) pour un vecteur donné, et l'objet de ce chapitre est de modéliser la densité de probabilité (pdf) de l'erreur ($\varepsilon = HR - \widehat{HR}$). Ainsi, nous allons construire des modèles statistiques spécialisés pour estimer cette pdf de l'erreur conditionnelle pour chaque vecteur d'entrée. La Figure 32 montre de façon schématique les deux phases de notre travail. Il ne s'agit pas en effet de modéliser l'erreur globale du modèle mais de pouvoir modéliser pour chaque jeu de TB observées non seulement le profil des espérances de l'humidité relative mais aussi la distribution des incertitudes pour chaque couche. La modélisation de la densité de probabilité conditionnelle permet d'associer à chaque jeu de TBs observées les intervalles de confiance des valeurs d'humidité restituées.

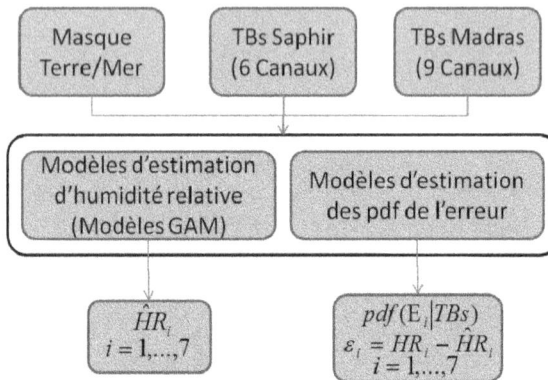

Figure 32: Schéma des produits obtenus à partir des Températures de Brillance de SAPHIR et MADRAS.

2. Estimations des profils d'humidité relative

L'étude précédente a montré que les précisions des valeurs d'humidité relative obtenues par les différents modèles étaient similaires. Nous avons commencé par modéliser l'erreur du modèle additif généralisé (GAM) car il présent la fonction d'erreur la plus importante, avec la combinaison entrée-sortie et le prétraitement qui obtient la meilleure performance par rapport à l'ensemble de test.

Les combinaisons entrée-sortie et les prétraitements effectués qui fournissent la meilleure performance parmi les modèles GAMs dans chaque couche sont indiqués dans la Table 2. C'est l'erreur de ces modèles que nous allons modéliser dans cette partie du travail.

2.1. Les variables d'entrée

Les entrées des modèles d'estimation des pdfs sont identiques aux entrées des modèles d'estimation de l'humidité relative choisis pour chaque couche. On peut donc se référer au Chapitre 3 qui décrit la méthode de sélection.

2.2. Les Sorties: les profils d'erreur conditionnelle

Si on note $\varepsilon = HR - \widehat{HR}$ l'erreur entre l'humidité relative attendue (HR) et celle fournie par le modèle ($\widehat{HR}$), la sortie désirée de nos modèles sera la fonction de densité de probabilité conditionnelle de l'erreur $\mathcal{E}$ sachant la TB observée et on note cette fonction comme: $f(\varepsilon \mid TB)$.

Pour la construction des modèles nous utilisons les ensembles de données définis dans la section 3 du Chapitre III couplé au modèle GAM qui nous permet d'obtenir:

- L'ensemble d'apprentissage-validation: 1141 profils d'erreurs conditionnelles, tirés aléatoirement de l'ensemble total.
- L'ensemble de test: 490 profils d'erreurs conditionnelles, tirés aléatoirement de l'ensemble total.

Une fois que les erreurs sont calculées il est intéressant d'en analyser les caractéristiques générales. La projection des erreurs sur la carte de Kohonen, présentée Figure 26, montre une variabilité de l'erreur beaucoup plus importante pour la couche 1 (comprise entre -9% et 44%) alors que les autres couches présente une erreur variant de -5% à 9% suivant les référents considérés. Les couches 3, 4,6 et 7 présentent une structure de l'erreur homogène avec une erreur proche de zéro pour tous les référents (couleur vert pâle) et un ou deux référents présentent une erreur beaucoup plus importante (couleur rouge). Les couches 2 et 5, au contraire, sont beaucoup plus structurées, on observe des zones (des familles de référents) présentant des erreurs similaires. Les structures de ces deux couches sont différentes et parfois en opposition. Par exemple, pour les profils représentés par les référents en bas à gauche de la carte, qui sont caractérisés par une humidité très faible dans la partie haute de l'atmosphère (Figure 20), l'humidité est sous-estimée pour la couche 2 et surestimée pour la couche 5. On remarque que les structures des erreurs du modèle GAM (Figure 26) pour la couche 2 sont pratiquement identiques pour les deux autres modèles, elles sont donc probablement liées à la structure des profils atmosphériques eux-mêmes.

La Figure 33 montre les fonctions de densité de probabilité de l'erreur globale $f(\varepsilon)$ pour tous les modèles dans la sixième couche. Une des caractéristiques principales est sa valeur moyenne: elle prend une valeur nulle quasiment toutes les couches. Alors que les fonctions de densité de l'erreur conditionnelle que l'on va estimer ne seront pas nécessairement centrées en zéro, elles le sont néanmoins en moyenne. Par ailleurs, la distribution des erreurs est beaucoup plus étendue pour les couches extrêmes comme la couche 6 que pour les couches aux moyennes altitudes comme la couche 4. Il est important de dire aussi que l'erreur globale possède des caractéristiques proches de la fonction gaussienne, mais ça n'est pas toujours le cas, surtout pour les couches extrêmes comme la couche 6 par exemple qui présente une forme plus irrégulière (autour de -10%).

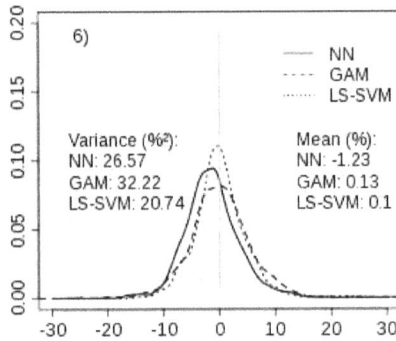

Figure 33: Fonction de densité de probabilité de l'erreur commis entre
l'humidité relative observée et l'humidité relative estimée pour la sixième couche.

La Figure 34 nous montre trois fonctions de probabilité de l'erreur pour la sixième couche filtrées par des situations atmosphériques type, ces fonctions mettent en évidence que la fonction de probabilité peut varier ses caractéristiques selon la situation atmosphérique ; par rapport à la forme de la fonction, on peut observer que les pdf pour les cas sec et intermédiaire montrent un comportement quasiment gaussien mais pour le cas humide la pdf est une fonction clairement bimodale. Dans ce cas, le 2e mode peut-être dû à un problème d'échantillonnage dans la phase d'apprentissage. Une deuxième caractéristique correspond à la symétrie de la fonction, très forte pour le cas intermédiaire (variation entre -20 et 20) tandis que les deux autres cas montrent une asymétrie vers les valeurs négatives. Une dernière différenciation peut être réalisée grâce aux valeurs du coefficient d'aplatissement des pdfs, qui est plus élevé pour les cas humide et intermédiaire par rapport au cas sec, les erreurs étant plus proche du zéro.

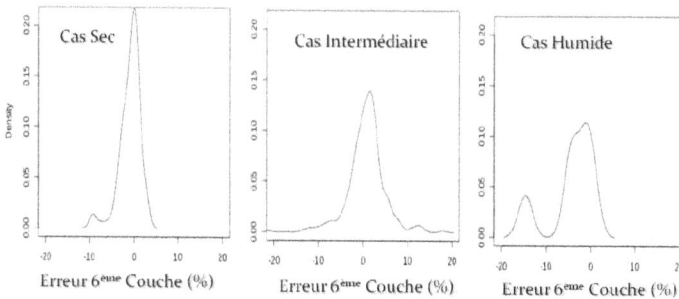

Figure 34: Fonctions des probabilités de l'erreur pour la sixième couche filtrées par type de situation atmosphérique.

Ainsi que cela avait été souligné dans l'introduction de cette thèse l'incertitude de restitution de l'humidité relative dans une couche ne dépend pas seulement de l'état de la couche seule mais également des contenus en vapeur d'eau de l'atmosphère dans son ensemble. Etant donné que dans le cadre de ce travail la seule source d'information disponible sur le contenu en vapeur d'eau provient des températures de brillance du satellite alors la pdf de l'erreur doit être conditionnée par ces températures de brillances ($f(\varepsilon \mid TB)$), qui reflètent de manière indirecte la situation atmosphérique.

3. Description des méthodes d'inversion

Pour approximer la fonction $f(\varepsilon \mid TB)$ nous avons choisi deux hypothèses:

♦ Hypothèse 1: la pdf de l'erreur conditionnelle a un comportement monomodal qui peut être approximé par une loi Gaussienne, dont on estime les paramètres (hypothèse notée HG dans la suite - hypothèse Gaussienne-). C'est ce qui est observé dans les cas sec et intermédiaire présentés sur la Figure 34.

♦ Hypothèse 2: la pdf a un comportement plus complexe, que l'on peut modéliser par une somme pondérée de plusieurs Gaussiennes. Un examen approfondi des pdf des erreurs permet de s'arrêter une loi bimodale (hypothèse notée M2G dans la suite - moyenne pondérée de 2 Gaussiennes -), comme dans le cas humide de la Figure 34.

Concernant la première hypothèse, la construction paramétrique d'une fonction gaussienne a besoin de deux paramètres: sa moyenne (μ) et sa variance (σ). Nous pouvons estimer ces paramètres avec un modèle étendu du modèle additif généralisé (GAM) utilisé pour l'estimation de l'humidité relative: le "Generalized Additive Models for Location, Scale and Shape (GAMLSS)" [Rigby & Stasinopoulos (2001)].

La deuxième hypothèse s'appuie sur un modèle qui utilise la combinaison de fonctions gaussiennes avec leurs propres valeurs paramétriques et une valeur d'échelle pour la construction de fonctions plus complexes: le modèle de "Mélange de Régressions" [Benaglia et al. (2009)].

3.1. Modèle GAMLSS pour l'hypothèse Gaussienne (HG)

Le modèle GAMLSS (Generalized Additive Models for Location, Scale and Shape [Rigby & Stasinopoulos (2001)]) est une extension du modèle GAM présenté dans la section 3.3.3: la fonction lien g (eq. 10) est ici une fonction gaussienne. Alors que le modèle GAM permet d'estimer uniquement l'espérance de la variable estimée, le modèle GAMLSS permet d'estimer l'espérance et l'écart-type de la variable. Appliqué à l'estimation de l'erreur (ε/TB) ce modèle permet d'obtenir $\mu = E(\varepsilon/TB)$ et $\sigma^2 = Var(\varepsilon/TB)$. On obtient finalement:

$$f(\varepsilon|TB) = \frac{1}{\sqrt{2\pi}\sigma} * e^{-\left(\frac{(\varepsilon-\mu)^2}{2\sigma^2}\right)} \quad (22)$$

Où μ est un estimateur de l'espérance ($E(\varepsilon|TB)$) alors que σ^2 est un estimateur de la variance ($Var(\varepsilon|TB)$).

3.2. Modèle de mélange de régressions pour le mélange de 2 Gaussiennes (M2G)

Le mélange de régressions utilise des fonctions gaussiennes pondérées avec l'objectif de décrire la fonction conditionnelle $f(\varepsilon|TB)$.

Ce modèle suppose que l'observation appartient à l'une des m classes possibles et que la fonction de densité conditionnelle est:

$$f(\varepsilon|TB) = \sum_{j=1}^{m} \frac{\lambda_j}{\sqrt{2\pi}\sigma_j} * e^{-\left(\frac{\left(\varepsilon-TB^T*\beta_j\right)^2}{2\sigma_j^2}\right)} \quad \text{avec} \; \sum_{j=1}^{m}\lambda_j = 1 \quad (23)$$

TB^T désigne ici la matrice transposée des températures de brillance.

Le modèle doit donc estimer $3 * m$ paramètres ($\lambda_1, \beta_1, \sigma_1, \ldots, \lambda_m, \beta_m, \sigma_m$).

Dans le problème actuel, nous avons fixé le nombre de Gaussiennes à 2 (paramètre m). Il faut donc estimer des fonctions composées de deux fonctions gaussiennes avec des centres, des paramètres et des pondérations différentes.

L'algorithme d'apprentissage du modèle utilise la méthode du maximum de vraisemblance pour estimer les paramètres $\lambda_1, \beta_{1,2}$ et $\sigma_{1,2}$ afin de construire la fonction "résultat" qui sera une combinaison des deux fonctions Gaussiennes. Cette fonction est obtenue à partir des valeurs λ_1 et $(1 - \lambda_1)$, qui normalisent la fonction et sont telles que leur somme est égale à 1. Ces valeurs sont équivalentes à des probabilités. Seuls les centres des Gaussiennes ($\mu_1 = TB^T * \beta_1$ et $\mu_2 = TB^T * \beta_2$) sont conditionnés par les TB. Les valeurs $\sigma_{1,2}$ ainsi que la pondération λ_1 (et ainsi $1 - \lambda_1$) sont des valeurs estimées globalement.

La Figure 35 montre un exemple d'application de ces deux modèles au cas de la fonction de densité de probabilité de l'erreur globale de la couche 1. On voit bien sur cet exemple l'amélioration apportée par ce modèle. Non seulement la partie centrale de la distribution est mieux représentée mais l'irrégularité observée autour de -20% peut également être modélisée.

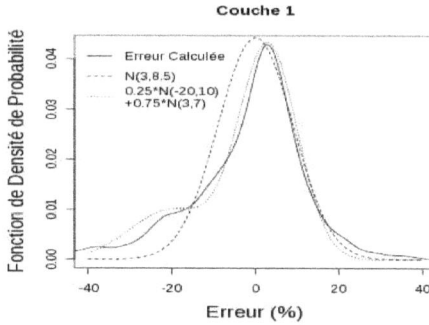

Figure 35: Fonction de Densité de Probabilité de l'Erreur General Obtenue avec des Fonctions estimées par une fonction Gaussienne et par la Combinaison de deux Gaussiennes.

4. Estimation des intervalles de confiance ($I_{P\%}$)

La validation des densités de probabilité conditionnelles estimées n'est pas évidente et nous avons pris le parti de déduire de ces pdf les intervalles correspondant à différents niveaux de confiance et de valider ces derniers en comptabilisant, pour l'ensemble de validation, le nombre de cas pour lesquels la valeur de l'erreur est comprise dans l'intervalle.

On note $I_{P\%}$ l'intervalle de confiance correspondant à la probabilité P que l'erreur ε soit dans l'intervalle $I_{P\%}$, pour des TB observées. Mathématiquement, cela se note:

$$P(\varepsilon | TB \in I_{P\%}) = \int_{I_{P\%}} f(\varepsilon | TB) d\varepsilon = P \quad (24)$$

4.1. La loi de probabilité pour HG

Dans le cas ou l'erreur est modélisée par une loi Gaussienne on obtient par exemple:

- $I_{68\%} = \left[(\widehat{HR} + \mu) - \sigma, (\widehat{HR} + \mu) + \sigma \right]$
- $I_{95\%} = \left[(\widehat{HR} + \mu) - 2 * \sigma, (\widehat{HR} + \mu) + 2 * \sigma \right]$
- $I_{99\%} = \left[(\widehat{HR} + \mu) - 3 * \sigma, (\widehat{HR} + \mu) + 3 * \sigma \right]$

4.2. La loi de probabilité pour M2G

Dans le cas du mélange de deux Gaussiennes la définition de l'intervalle de confiance est plus délicate.

Pour une probabilité P fixée l'intervalle $I_{P\%}$ est obtenu comme suit:

- ◆ La valeur de seuil s_{max} est fixée à la valeur maximale de $f(\varepsilon|TB)$
- ◆ On détermine pour un $ds > 0$ l'intervalle I_s tel que $\varepsilon \in I_s$ ssi $f(\varepsilon|TB) > (s_{max} - ds)$
- ◆ On augment la valeur de ds jusqu'à ce que

$$\int_{I_s} f(\varepsilon|TB)d\varepsilon = P \quad (25)$$

Avec cette procédure on obtient dans certains cas un intervalle discontinu. La Figure 36 représente l'intervalle de confiance $I_{68\%}$ obtenu dans ce type de configuration:

- ◆ Paramètres de deux Gaussiennes: $\lambda_1 = 0.6, \mu_1 = TB^T * \beta_1 = 2$, $\mu_2 = TB^T * \beta_2 = 42, \sigma_1 = 5, \sigma_2 = 10$ combinés avec une valeur d'humidité relative estimée de 28% ($\widehat{HR} = 28\%$).

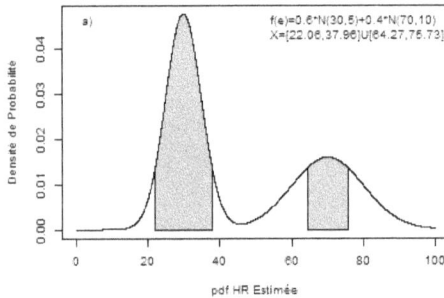

Figure 36: Exemple d'intervalle de confiance à 68% pour une pdf déterminée
pour la fonction $f(\varepsilon|TB) = 0.6\aleph(30,5) + 0.4\aleph(70,10)$

5. Validation de l'intervalle de confiance obtenu

Les intervalles de confiance de l'erreur ainsi obtenus permettent de déterminer des intervalles de confiance de valeur d'humidité attendue et ainsi être validés à partir de l'ensemble de test.. Un intervalle d'humidité de niveau de confiance à 68%, doit contenir environ 68% des valeurs observées d'humidité relative. Finalement, le meilleur modèle sera celui qui fournit les intervalles de confiance.

Pour valider la précision de nos modèles, nous avons choisi l'ensemble de test et nous estimons l'humidité relative avec deux intervalles de confiance, l'un calculé en utilisant l'HG et l'autre en utilisant le M2G déjà décrits.

Le Tableau 4 et les Figure 37.a et b nous montrent l'écart entre les niveaux de confiance attendus et les modèles de M2G et l'HG respectivement. L'anomalie présentée dans la Figure 37 est la différence entre l'intervalle de confiance attendu et l'intervalle de confiance obtenu.

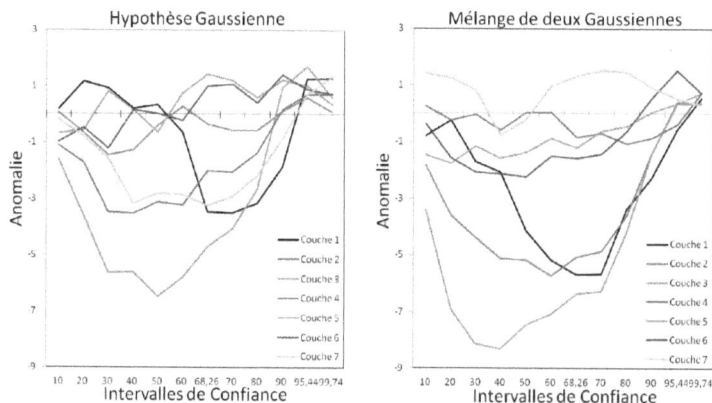

Figure 37: Différence entre les intervalles de confiance attendus et les intervalles de confiance calculés par les deux modèles étudiés pour les 7 couches d'atmosphère.

Couche	Modèle	Différences entre les intervalles de confiance à			
		50%	68,26%	95,44%	99,74%
1	HG	49,662	71,735	94,175	98,467
	M2G	54,138	73,942	96,014	99,203
2	HG	50,398	68,608	94,849	99,632
	M2G	55,180	73,329	95,033	99,386
3	HG	56,468	72,961	93,746	99,141
	M2G	57,449	74,616	95,095	99,019
4	HG	53,096	70,263	94,727	99,019
	M2G	49,969	69,098	95,830	99,019
5	HG	50,643	66,830	94,420	99,386
	M2G	51,379	69,466	95,095	99,386
6	HG	49,969	67,259	94,543	99,019
	M2G	52,237	69,834	93,930	99,019
7	HG	52,789	71,489	94,727	98,405
	M2G	50,214	66,952	94,911	99,448

Tableau 4: Comparaison entre le niveau de confiance attendu et celui obtenu par les modèles d'Hypothèse Gaussienne (HG) et le Mélange de deux Gaussiennes (M2G) pour les Couches 1 à 7.

Nous pouvons observer sur les Figure 37.a et b que les déviations sont normalement plus faibles si nous utilisons l'HG sauf pour les couches 4 et 7. Nous pouvons observer aussi que l'hypothèse M2G obtient des pourcentages généralement supérieurs au niveau de confiance attendu : les intervalles de confiance obtenus sont donc généralement surdimensionnés. En revanche, le modèle HG obtient des intervalles surdimensionnés normalement pour des intervalles inférieurs à 50%, les intervalles supérieurs à 90% étant sous-estimés. Il est important de remarquer que les deux méthodes convergent pour les intervalles de confiance supérieurs à 95%.

Finalement, nous pouvons dire que l'HG a une meilleure performance par rapport au M2G. Le modèle Gaussien est plus parcimonieux, avec 2 paramètres, mais le modèle de mélange de deux Gaussiennes a comme paramètres conditionnels les centres de chaque fonction qui ont une variance constante. La conséquence est que les fonctions se déplacent selon l'influence des valeurs d'entrée avec une variance calculée globalement.

6. Application

Les Figure 38 et Figure 39 correspondent respectivement aux couches 1 et 4. On représente en fonction de l'humidité relative observée (HR):

- ♦ sur la figure de gauche, l'espérance de l'erreur conditionnelle estimée pour l'hypothèse Gaussienne $\hat{\mu} = E(\varepsilon|TB)$
- ♦ sur la figure centrale, l'écart-type de l'erreur conditionnelle estimée pour l'hypothèse Gaussienne $\hat{\sigma} = \sqrt{var(\varepsilon|TB)}$
- ♦ sur la figure de droite l'erreur du modèle GAM $\varepsilon = HR - \widehat{HR}$

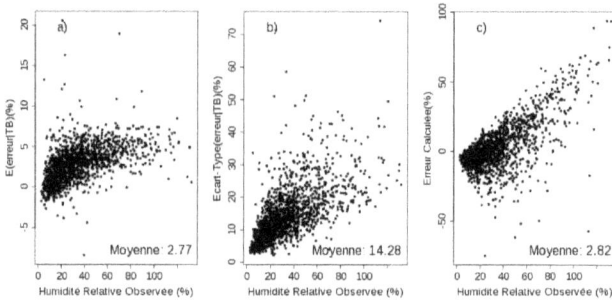

Figure 38:Erreur conditionnelle (a) et écart type conditionnelle (b) pour l'HG et l'erreur calculée (c) pour la couche 1.

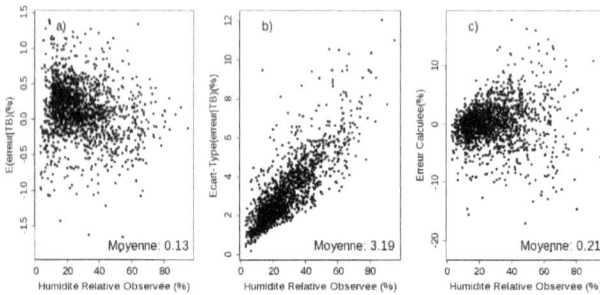

Figure 39: Erreur conditionnelle (a), écart type conditionnelle (b) pour l'HG et l'erreur calculée (c) pour la couche 4.

Nous pouvons observer que la dynamique des paramètres conditionnels suit celle de l'erreur calculée avec des valeurs semblables dans la moyenne de l'erreur. Les figures nous montrent aussi la relation directe entre l'humidité relative observée et l'écart type conditionnel obtenu qui vont donner lieux à des intervalles de confiances plus larges pour des valeurs d'humidité relative élevées. Il est important de remarquer que les paramètres conditionnels de la couche 4 sont moins sensibles est plus faibles par rapport à la couche 1, c'est qui donne des intervalles de confiance plus petits.

73

Le Figure 40 et le Figure 41 montrent de la même manière les paramètres relatifs.

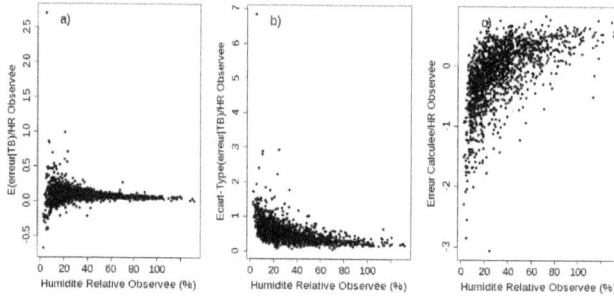

Figure 40: Erreur relative conditionnelle (a), écart type relatif conditionnelle (b) pour l'HG et l'erreur relative calculée (c) pour la couche 1.

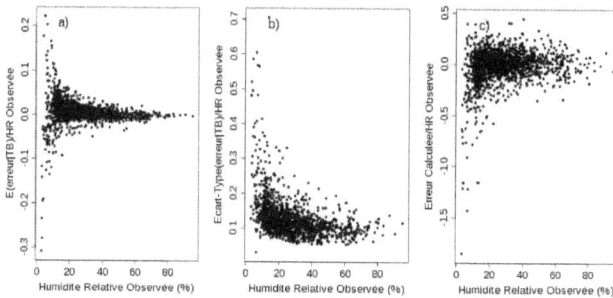

Figure 41: Erreur relative conditionnelle (a), écart type relatif conditionnelle (b) pour l'HG et l'erreur relative calculée (c) pour la couche 4.

Il est évident sur ces Figures que l'estimation pour la couche 4 est moins dépendante de l'humidité relative observée que la couche 1. En fait les paramètres sont presque constants.

Finalement, la combinaison de sorties des modèles d'estimation de l'humidité relative et de la pdf de l'erreur nous permet de construire des profils d'humidité relative avec ses intervalles de confiance estimées à partir des températures de brillance du SAPHIR et MADRAS.

Sur la Figure 42 nous montrons un exemple de profil d'humidité relative, qui comprend les profils observé et estimé par le modèle GAM du Chapitre 3, avec la pdf de l'erreur et l'intervalle de confiance estimé à 68% pour HG (a) et M2G (b).

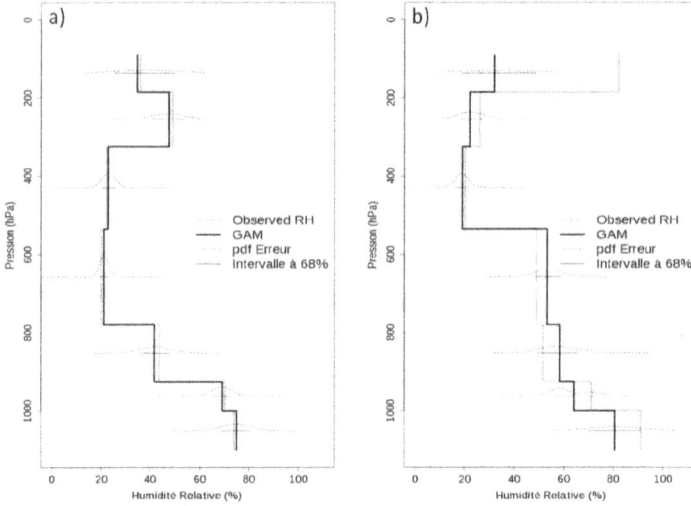

Figure 42: Deux Exemples de Profils d'humidité relative
avec les pdf de l'erreur conditionnelle et les intervalles de confiance I$_{68\%}$ associés.

La Figure 42.b montre une caractéristique spéciale: elle présente dans sa sixième couche un cas d'intervalle de confiance discontinu qui est produit par le modèle de mélange de deux Gaussiennes. Pour cette couche la valeur observée de l'humidité relative passe justement par l'un de deux intervalles, ce qui suggère que dans ce cas particulier le modèle M2G semble plus adapté.

7. Conclusions du chapitre

Pour toutes les méthodes de mesure, l'information liée à sa précision a une importance capitale; cette information doit absolument être adaptée aux caractéristiques particulières de la mesure. Dans le cas d'estimation des profils verticaux d'humidité relative, la précision pour une couche donnée peut varier d'un profil à l'autre. Dans ce contexte, l'estimation globale de la précision est une information insuffisante et, en conséquence, pour répondre aux besoins d'une estimation adaptée, nous avons construit des modèles d'estimation de la distribution de l'erreur conditionnelle. Pour chaque couche du profil vertical, nous avons testé deux hypothèses : loi de distribution Gaussienne ou loi de distribution bimodale. Ces modèles ont été construits pour estimer l'erreur conditionnelle à partir des températures de brillance utilisées par le modèle d'estimation de l'humidité relative. Les lois de distribution de l'erreur ainsi obtenues nous permettent d'associer à chaque valeur d'humidité estimée un intervalle de confiance adapté à la situation atmosphérique observée.

Cette méthodologie peut être développée pour estimer l'erreur conditionnelle des trois modèles (MLP, GAM et LS-SVM), nous présentons ici les résultats obtenues pour les intervalles de confiance associés aux valeurs restituées par le modèle GAM. Excepté pour les couches 4 et 7, les intervalles obtenus par l'hypothèse Gaussienne sont plus fiables que ceux obtenus par l'hypothèse de mélange de deux Gaussiennes.

La validation des intervalles de confiance associés aux profils d'humidité relative est réalisée dans le chapitre suivant, ce qui exploite à la fois les mesures de Megha-Tropiques et des radiosondages coïncidents.

Chapitre V
Mise en œuvre sur des données réelles

Avant d'appliquer les modèles développés sur des données synthétiques aux températures de brillance réellement observées il faut analyser les caractéristiques intrinsèques des mesures réelles pour éventuellement adapter les modèles à ces nouvelles conditions. Cette procédure, commence par une analyse de certains facteurs caractéristiques des mesures, comme la géométrie de visée (par l'angle d'incidence), le bruit instrumental, la dynamique, le biais, la distribution, etc. Il a fallu également tenir compte des problèmes instrumentaux rencontrés par le radiomètre MADRAS après quelques mois d'opération, ce qui a conduit à repenser l'algorithme d'inversion.

1. Modèle de restitution à partir de l'instrument SAPHIR

L'instrument MADRAS est composé par deux éléments principaux, les "MAdras RF EQuipment" dit MARFEQ-A et MARFEQ-B, la Figure 43 montre un diagramme simplifié des éléments. Le MARFEQ-A contient le miroir principal et les têtes hyperfréquences, le MARFEQ-B comporte le miroir secondaire et la surface à température contrôlée. Le MARFEQ-A tourne autour du MARFEQ-B, qui a la fonction de dévier la visée des têtes hyperfréquence vers l'espace profond (source froide) et vers la surface à température contrôlée (source chaude) ce qui permet la calibration en vol de l'imageur. Malheureusement, une anomalie purement mécanique sur les joints tournants empêche le MARFEQ-A de tourner à la vitesse angulaire prévue (24,6 rpm), en conséquence, il est impossible que l'instrument obtienne des mesures avec la fréquence et la précision angulaire désirées. Ainsi, les agences spatiales française (le CNRS) et indienne (l'ISRO) ont décidé d'arrêter les mesures et de maintenir une vitesse angulaire minimale (0,5 rpm) après un peu plus d'un an de mesures afin de contribuer à maintenir la température ambiante à des niveaux acceptables pour l'ensemble du satellite.

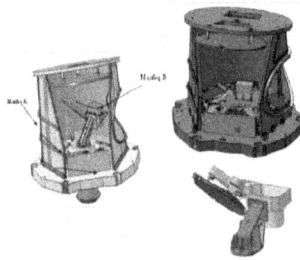

Figure 43: Diagramme simplifiée de la composition du MADRAS,
en haut à droite le MARFEQ-A et en bas le MARFEQ-B,
à gauche l'instrument complet (Présentation de Nadia Karouche, chef du projet au CNES, 17/10/2005).

Dans cette configuration instrumentale particulière, seuls les six canaux du radiomètre SAPHIR sont exploitables et l'analyse de Gram-Schmidt testant la pertinence des données d'entrée n'a plus lieu d'être. En utilisant une méthodologie similaire à celle décrite au Chapitre 3 et en utilisant les six canaux de SAPHIR nous avons construit les nouveaux modèles d'estimation de l'humidité relative ainsi que les modèles d'estimation de la pdf de l'erreur conditionnelle. Le Tableau 5 permet de comparer les performances obtenues par le modèle GAM pour les deux configurations instrumentales. Ces résultats et ceux obtenus aux Chapitres 3 et 4 dans la configuration optimale montre que les canaux MADRAS auraient permis une amélioration de l'écart-type (3,384% pour la couche 6 et en moyenne une différence de 1,1%) et des valeurs plus précises pour l'estimation des intervalles de confiance.

Couche	Instruments	Erreur d'estimation du modèle GAM		Performance du modèle HG	
		Ecart-type	Moyenne	% des HR Intervalle σ	% des HR Intervalle 3σ
1	SAPHIR	17,314	2,6	71,020	98,163
	SAPHIR et MADRAS	15,023	2,43	69,796	97,143
2	SAPHIR	7,382	-0,09	69,184	99,388
	SAPHIR et MADRAS	7,423	-0,11	69,388	99,388
3	SAPHIR	3,826	0,32	70,408	99,184
	SAPHIR et MADRAS	3,658	0,32	72,245	98,776
4	SAPHIR	4,282	0,12	69,388	98,776
	SAPHIR et MADRAS	3,782	0,27	68,980	97,755
5	SAPHIR	7,849	0,45	67,755	99,592
	SAPHIR et MADRAS	7,688	0,32	63,469	98,776
6	SAPHIR	9,576	-0,11	66,327	98,776
	SAPHIR et MADRAS	6,192	0,44	66,531	97,959
7	SAPHIR	9,794	0,04	67,959	98,367
	SAPHIR et MADRAS	8,672	0,21	67,347	97,755

Tableau 5: Comparaison des valeurs centrales entre les modèles construits avec SAPHIR et MADRAS et les modèles construits avec SAPHIR.

Concernant l'adaptation de la méthode aux données SAPHIR seules, notre ensemble de comparaison est construit à partir des mesures satellitaires de deux périodes:

♦ 01/10/2011 - 31/03/2012.
♦ 29/05/2012 - 01/08/2012.

2. Sélection des données de ciel clair

Comme évoqué dans l'introduction de cette thèse, les nuages convectifs influencent les mesures en raison de phénomènes d'absorption et de diffusion du rayonnement électromagnétique par les gouttes d'eau ce qui nous a conduit à développer des modèles de restitution restreints au ciel clair. Dans la phase d'évaluation des résultats, il est donc indispensable de filtrer l'ensemble des mesures pour ne conserver que les températures de brillance non affectées par les nuages.

Pour filtrer l'ensemble des mesures satellites nous avons utilisé le masque nuageux du "Support to Nowcasting and very short Range Forecasting" (SAFNWC) colocalisé avec l'ensemble des mesures de SAPHIR. Le filtrage a été réalisé avec l'aide de Marion Leduc-Leballeur du LOCEAN (IPSL), impliquée dans l'évaluation de l'étalonnage de Megha-Tropiques, et concerne les périodes:

- 01/11/2011 - 09/12/2011
- 07/07/2012 - 18/01/2012

Les plus de 90 millions des mesures SAPHIR ciel clair de cette période ont ensuite été divisées en deux ensembles, les mesures océaniques et les mesures continentales, en conservant la position (Latitude et Longitude) et l'angle d'incidence des observations.

3. Caractéristiques des mesures de l'instrument SAPHIR

3.1.L'angle d'incidence

La Figure 44 ci-dessous présente la géométrie d'échantillonnage au sol: l'effet de rotation de l'instrument permet de mesurer autour du pixel central avec une ampleur de ±42.96° qui se traduit en 182 tâches au sol circulaires autour du nadir (10km de rayon) et se déformant sous la forme d'ellipses aux extrêmes de la fauchée (14,5 x 22,5 Km2), les points consécutifs se chevauchant. Un ré-échantillonnage est ensuite réalisé de façon à fournir 130 pixels adjacents sur chaque ligne de scan. Ainsi, alors que les pixels sont adjacents dans le scan, une superposition est toutefois conservée sur deux scans consécutifs.

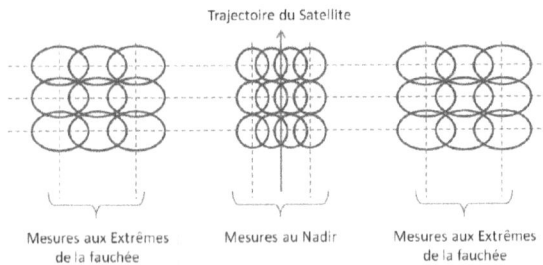

Figure 44: Géométrie d'échantillonnage des pixels SAPHIR, au niveau 1A (document CNES).

Les différents modèles développés ont été construits avec des TB synthétiques calculées au nadir ce qui ne correspond qu'aux quelques pixels du centre de la fauchée. En revanche, en dehors de cette zone centrale, l'angle d'incidence a une influence non négligeable sur la mesure et il est donc indispensable d'en tenir compte dans le cadre d'une application des méthodes sur les mesures du satellite.

Par le théorème du Pythagore, la distance satellite-pixel est directement proportionnelle au cosinus de l'angle d'incidence du scan. Cette augmentation influence la valeur mesurée par l'instrument, le rayonnement émis par la surface doit traverser une portion plus grande d'atmosphère et il sera donc davantage absorbé. Ainsi, pour une atmosphère identique en terme d'humidité relative, les TB mesurées aux extrêmes de la fauchée seront plus faibles en moyenne que les températures de brillance mesurées autour du nadir.

Comme le montre l'équation de transfert radiatif présentée au Chapitre 2, section 1 (eq. 5) la dépendance en angle de la TB est complexe. En effet la modification de l'angle de visée intervient de multiples manières dans l'équation de transfert radiatif, l'émissivité du sol en particulier peut présenter une forte dépendance angulaire, suivant le type de sol. En supposant que l'émissivité est isotrope et l'atmosphère homogène, la seule différence entre les températures de brillance au nadir et aux extrêmes de la fauchée correspond à une absorption plus importante en raison de la distance parcourue. On obtient ainsi une relation quasi-linéaire en fonction du cosinus de l'angle. La Figure 45 nous montre la relation entre les températures de brillance synthétiques de SAPHIR pour les canaux 1 et 6, pour les scènes océaniques et continentales, au nadir et pour un angle d'incidence de 42°. Nous pouvons observer que pour le premier canal l'approximation linéaire est mieux vérifiée que pour le sixième canal, qui présente une dispersion plus forte.

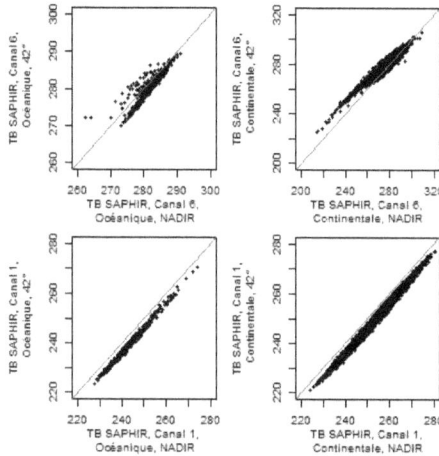

Figure 45: Comparaison entre températures de Brillance SAPHIR synthétiques au NADIR et avec un angle d'incidence de 42° pour les canaux 1 et 6. La ligne rouge indique la correspondance parfaite.

Pour les mesures réelles, nous n'avons pas la possibilité de comparer la même mesure pour des angles d'incidence variables, par contre, la comparaison des moyennes sur plusieurs scans est pertinente. La Figure 46 montre cette relation pour chaque canal et nous observons comme prévu une décroissance de plus en plus importante lorsque l'on s'approche de la surface.

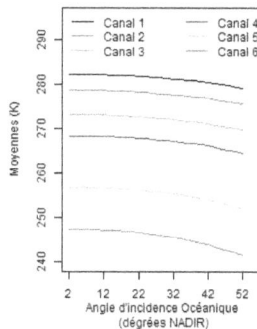

Figure 46: Influence de l'angle d'incidence pour des mesures observées de SAPHIR en ciel clair pour les cas océaniques par canal. La dépendance est identique dans le cas continental

Nous observons sur la Figure 47 qui correspond au sixième canal dans les situations océaniques, que le comportement moyen est proche de celui attendu dans le cas d'une atmosphère homogène avec une surface isotrope, à savoir que la fonction est proche d'une relation linéaire par rapport au cosinus de l'angle.

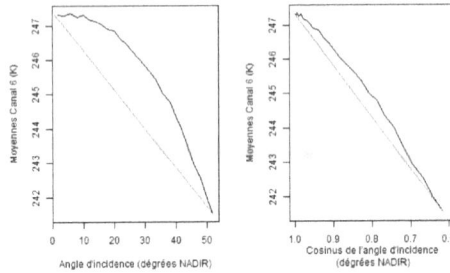

Figure 47: Moyenne des températures de brillance en fonction de l'angle d'incidence (à gauche) et le cosinus de l'angle d'incidence (à droite) pour le sixième canal. Limité aux cas océaniques. Le trait rouge montre une fonction parfaitement linéaire.

3.2. La sensibilité radiométrique

La sensibilité radiométrique correspond à la variation minimum de température de brillance que l'instrument peut détecter. Pour chaque tour de l'instrument, le capteur réalise 182 échantillons de la terre ainsi que 7 échantillons de la source d'étalonnage associée à l'instrument ("On Board Calibration Target", OBCT dans la suite) qui est une surface chauffée autour de 290 K et 7 échantillons de l'espace profond (température de 2,7 K). Les 7 échantillons OBCT sont utilisés pour calculer la sensibilité des six canaux et elle est calculée avec l'écart-type des mesures OBCT lors de chaque orbite.

La sensibilité radiométrique du SAPHIR a été calculée en vol (documents de suivi de l'étalonnage du CNES) et les résultats sont montrés dans le Tableau 6 ci-dessous.

Sensibilité NEΔT(K)	Canal 1	Canal 2	Canal 3	Canal 4	Canal 5	Canal 6
Objectif	2,4	1,8	1,8	1,5	1,5	1,2
En Vol	1,36	1,00	0,86	0,72	0,57	0,50

Tableau 6: Sensibilité radiométrique désirée et obtenue pour l'instrument SAPHIR (source: CNES).

Nous pouvons interpréter cette sensibilité radiométrique comme un bruit gaussien d'écart-type lié aux valeurs calculées (par exemple, pour le canal 1 l'écart-type sera de 1.36K) qui affecte la mesure de l'instrument. Ainsi la valeur mesurée fournie par l'instrument est entachée d'une barre d'erreur non négligeable qui affectera la précision de la restitution par nos modèles, et qu'il convient donc de considérer lors des confrontations des estimations issues des modèles aux données réelles. Ces considérations se traduisent par la construction d'une nouvelle base d'apprentissage où chaque couple entrée-sortie est recopiée dix fois en gardant la même valeur de sortie et en ajoutant une valeur aléatoire à chaque canal qui est limitée par la valeur de la sensibilité au canal concerné.

Dans le processus d'adaptation des modèles optimaux aux observations réelles nous avons du supprimer l'information fournie par MADRAS et introduire l'information concernant au bruit instrumentale, pour la phase d'apprentissage avec des données synthétiques nous avons observé une dégradation progressive en la précision. La Figure 48 nous montre cette dégradation pour le cas continentale et nous pouvons observer que la dégradation suite à la suppression de l'information fournie par MADRAS est plus importante pour les couches proches de la surface que pour les couches au milieu de la troposphère, cette caractéristique nous suggère que l'information des canaux MADRAS permet d'améliorer la restitution surtout près de la surface. La dégradation de la restitution produite par l'introduction du bruit instrumentale a été attendue du aux difficultés des modèles d'inversion à assimiler des données aléatoires, par contre, l'introduction du bruit doit, théoriquement, rendre les modèles moins sensibles aux variations des températures de brillance dans l'intervalle du bruit instrumental rendant ainsi les modèles plus robustes.

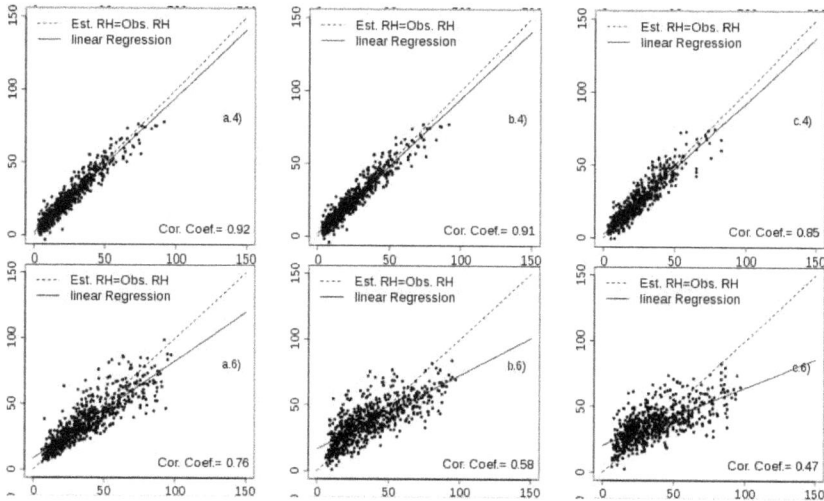

Figure 48: Dégradation progressive de la restitution pour le cas continentale. La colonne à gauche montre les diagrammes de dispersion d'humidité relative observée et estimée pour les couches 4 et 6 en utilisant la base d'apprentissage originale, la colonne au centre compare les estimations pour des modèles apprises en utilisant uniquement les données synthétiques SAPHIR et la colonne à droite compare les estimations pour des modèles appris en incluant le bruit instrumental.

4. Normalisation

La normalisation centrée-réduite est bien sûr maintenue : pour rappel il s'agit d'utiliser la moyenne et l'écart-type de l'ensemble des données pour obtenir un nouvel ensemble d'espérance nulle et écart-type unitaire.

Cependant, pour l'adaptation aux données réelles nous devons tenir compte de deux différences importantes:

- ♦ l'espace des données des valeurs réelles a des caractéristiques différentes dues à l'échantillonnage que nous avons fait pour notre apprentissage et, en conséquence, peuvent avoir des coefficients de normalisation (moyennes et écart-types) différents
- ♦ les angles d'incidence variant selon la position du pixel dans le scan, les coefficients de normalisation varient aussi avec l'angle d'incidence.

Pour la première différence, il suffit de prend un échantillon des valeurs réelles et de calculer les nouveaux coefficients de normalisation. Pour la seconde si on considère qu'il existe une relation linéaire approchée entre la TB et le cosinus de l'angle, comme décrit dans la section 3.1, il suffit de normaliser les TBs avec un jeu de coefficients distinct pour chaque angle d'incidence. Ainsi, un ensemble de coefficients de normalisation (moyennes et écart-types) est obtenu par canal et par angle d'incidence (des valeurs entre 0° et 52° avec un pas de 2°) à partir de l'ensemble de données réelles.

La Figure 49 présente la distribution des TBs océaniques et continentale, pour tous les angles de visée, après ce processus de normalisation adapté.

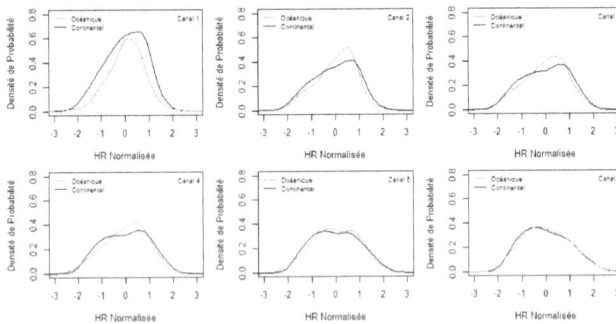

Figure 49: Températures de Brillance réelles normalisées, pour des angles d'incidence comprises entre 0° et 42°, cas Océaniques et Continentales par canal.

Cette approche permet d'obtenir des données centrées et réduites quelque soit la situation (océanique ou continentale) et quelque soit l'angle de visée. Elle permet également de corriger d'éventuels biais sur les TB observées, qui seraient dus à un problème d'étalonnage, ou une asymétrie dans le scan (observé sur le capteur AMSU-B/NOAA-15 [Buehler et al. (2005)]).

5. Radiosondages

L'évaluation de la méthode de restitution passe forcément par une confrontation des profils d'humidité relative estimés par la méthode et des profils réellement mesurés par une méthode directe. Dans cette section les radiosondages utilisés sont issus de deux campagnes de mesure : la campagne dédiée à la validation des produits "vapeur d'eau" de Megha-Tropiques qui s'est déroulée à Ouagadougou, Burkina Faso pendant l'été 2012, et la campagne d'observation du projet international CINDY/DYNAMO centrée sur l'observation de l'oscillation Madden-Jullian dans l'Océan Indien pendant l'hiver 2011-2012.

5.1.Les sources: Ouagadougou 2012 et CINDY/DYNAMO 2011

La campagne de mesure qui a eu lieu à Ouagadougou entre le 29 mai et le 1er août 2012, à laquelle j'ai participé, a été organisée spécifiquement par le LATMOS, avec l'aide de l'IRD (Frédéric Cazenave) et de l'ASECNA (Didier Ouedraougo), pour valider les mesures "vapeur d'eau" du satellite Megha-Tropiques. Cette campagne de validation s'est déroulée en deux phases : du 27 mai au 11 juin, une phase de pré-mousson, et du 17 juillet au 1 août, une phase de mousson. Ainsi, pendant ces deux phases, deux radiosondages lâchés à 45 mn et 10 mn avant chaque passage du satellite, comme le montre la Figure 50, et permettent de mesurer les variables atmosphériques (pression, température, humidité) à deux altitudes différentes de la troposphère au moment du passage du satellite. Cette campagne de mesure nous a permis de recueillir 54 radiosondages co-localisés avec 27 passages du satellite.

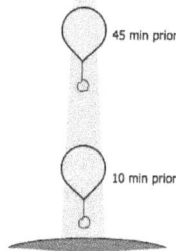

45 min prior

10 min prior

Figure 50: Schéma des lâchés qui ciblent les extrêmes de l'atmosphère au moment du passage du satellite (H. Brogniez, pour la campagne de validation de Megha-Tropiques).

Le programme CINDY/DYNAMO (Cooperative Indian Ocean Experiment on Intraseasonal Variability in Year 2011 / Dynamic of the Madden-Jullian Oscillation ; http://www.jamstec.go.jp/iorgc/cindy/ & http://catalog.eol.ucar.edu/dynamo/) a fourni des radiosondages lâchés entre octobre 2011 et mars 2012 destinés à l'observation de l'oscillation Madden-Julian dans l'océan indien, notamment depuis des bateaux scientifiques et des îles. La Figure 51 ci-dessous présente les sites de lâchers lors de la campagne.

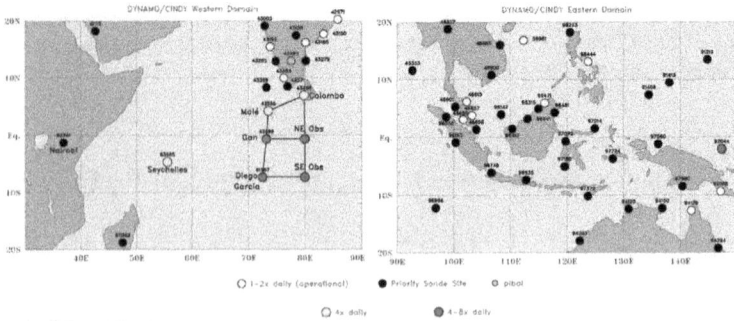

**Figure 51:Répartition géographique des sites de lâchers de radiosondages
pendant CINDY/DYNAMO (par R. Johnson, P. Ciesielski et Q. Wang).**

Ainsi, sur les plus de 11000 radiosondages lâchés au-dessus de l'Océan Indien lors de la campagne nous avons pu recueillir 454 radiosondages co-localisés avec les mesures du satellite, dans le contexte des études de validation de mesures Megha-Tropiques réalisés au LATMOS (Clain et al. to be submitted 2014).

Ces deux sources de radiosondages sont ainsi utilisées pour une étude préliminaire de la qualité des restitutions obtenues par les modèles développés pour les cas continentaux, avec les mesures de Ouagadougou 2012, et pour les cas océaniques, avec les mesures de CINDY/DYNAMO 2011.

5.2.Co-localisation mesures satellitaires-radiosondages

Après le lâcher, du fait de l'action du vent, la position (latitude et longitude) de la sonde varie; c'est ce qu'on appelle la "dérive de la sonde". En conséquence, la position de la sonde en haut de l'atmosphère peut différer des quelques dizaines ou même centaines de kilomètres par rapport au point de départ. Par contre, le champ de vapeur d'eau est continu et peu variable dans une fenêtre spatiale temporelle de l'ordre des quelques dizaines de kilomètres et d'environ une heure. La mesure dite "colocalisée" du satellite est donc obtenue en considérant la mesure la plus proche du point de départ dans une fenêtre temporelle de 30 minutes (Clain et al., 2014).

Afin de pouvoir comparer les humidités relatives observées par les radiosondages avec celles restituées il faut ensuite s'assurer de l'adaptation des altitudes considérées. Les instruments utilisés pour les campagnes de radiosondages ont une cadence de mesure de 2 secondes pour CINDY/DYNAMO et d'une seconde pour Ouagadougou et permettent ainsi de construire des profils verticaux très précis pour chaque variable atmosphérique. Pour adapter ces profils aux couches définies pour nos modèles nous avons calculé la moyenne des valeurs mesurées d'humidité relative entre les niveaux de pression qui correspondent à chacune des sept couches que nous avons définies au chapitre 2. Par exemple, pour la couche 4 nous avons calculé la moyenne de l'humidité relative mesurée entre les niveaux de pression 400 et 700 hPa.

6. Comparaison mesures satellitaires-données simulées

Dans le contexte des mesures de SAPHIR, Gaëlle Clain et Hélène Brogniez ont utilisé les radiosondages des campagnes CINDY/DYNAMO 2011 et de Ouagadougou 2012, ainsi que les TB de l'instrument pour étudier leurs caractéristiques. Ce travail consiste à utiliser l'approche dite "radiosondage-vers-satellite" pour simuler des TB équivalentes à partir des radiosondages en utilisant un modèle de transfert radiatif (le modèle rapide RTTOV).

La méthode de co-localisation décrite précédemment (section 5.2) a été utilisée afin d'avoir, pour chaque des profils d'humidité relative coïncidents avec les observations de SAPHIR. Les TBs mesurées par SAPHIR sont ensuite comparées avec celles calculées par le modèle RTTOV sur les radiosondages co-localisés.

Le Tableau 7 montre des biais entre les TBs observées et simulées par RTTOV, on voit aussi que les biais sont plus importants au fur et à mesure que la mesure est plus prés de la surface.

	C1	C2	C3	C4	C5	C6
RTTOV-SAPHIR (K)	-0,4	0,4	1,1	1,5	1,6	2,5

Tableau 7: Biais entre les températures de brillances observées par SAPHIR et les simulations par RTTOV (Clain et al. 2013).

Ces biais ont été estimés indépendamment de l'angle d'incidence. Dans cette étude l'incertitude due à la mesure de l'humidité par les radiosondages est de l'ordre ±0,5K pour les canaux C2 à C6 ce qui signifie que le biais de l'instrument SAPHIR n'est pas nul et dépend du canal considéré.

A priori la méthode de normalisation, que nous mettons en œuvre en utilisant les moyennes et les écart-types obtenus sur les données mesurées, permet de corriger ce type de biais.

7. Comparaison valeurs estimées-radiosondages

Une fois que les températures de brillance de SAPHIR sont normalisées, les résultats de la colocalisation entre les TBs SAPHIR et radiosondages du travail de validation de Gaëlle Clain ont été exploités pour construire deux ensembles de données de 54 vecteurs pour la validation des modèles continentaux et 454 vecteurs pour les modèles océaniques.

Les résultats présentés ici sont préliminaires, car l'évaluation d'une méthode sur des données réelles doivent tenir compte de nombreux facteurs, et notamment le bruit instrumental et l'incertitude associée aux mesures "vraies" donnés par les radiosondages. Ainsi, étant donné le faible nombre d'observations disponibles et leur localisation particulière, il ne s'agit pas ici de présenter une validation quantitative des modèles développés mais simplement de faire une étude qualitative des résultats obtenus.

Avec l'objectif de faire une comparaison valable, la présentation des résultats de l'évaluation est organisée de la façon suivante : tout d'abord l'évaluation des modèles appris sur des données non bruitées; puis l'évaluation des modèles appris sur des données synthétiques bruitées.

7.1.Sans bruit instrumental: Le cas continental

La Figure 52 montre des diagrammes de dispersion entre l'humidité relative mesurée et estimée pour chaque couche. Comme première caractéristique, la variance de l'erreur calculée pour chaque une des couches est cohérente avec celle obtenue sur l'ensemble de données d'apprentissage: la combinaison écart-type-coefficient de corrélation est optimale pour les couches de la moyenne troposphère (écart-type environ 20% et coefficient de corrélation supérieur à 0,2) et se dégrade progressivement vers les extrêmes (surface et haut troposphère). De même, les moyennes de l'erreur de l'ordre de 8%, sont cohérentes avec un comportement non biaisé des modèles qui ne peut être obtenu que sur un échantillon plus important.

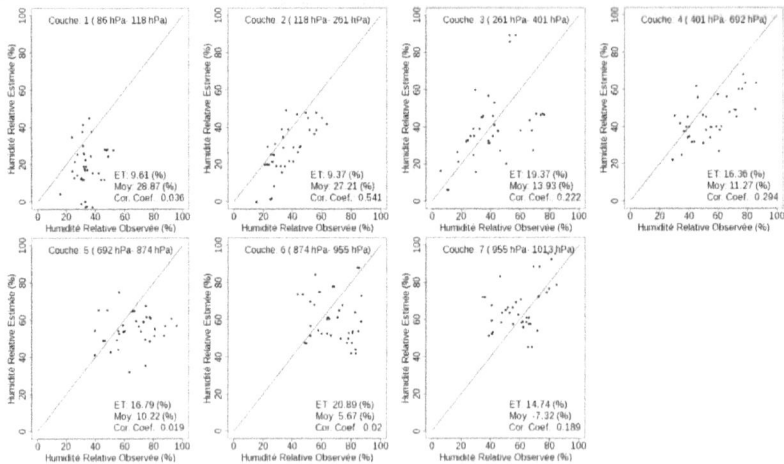

Figure 52: Humidité Relative Estimée en fonction de l'humidité relative observée par radiosondage pour le cas continental. Les écart-types et les moyennes de l'erreur sont indiquées pour chaque couche.

Nous avons également étudié l'application du modèle d'erreur Gaussien (HG) développé au Chapitre 4. Après avoir calculé l'intervalle de confiance à 68,26% (un intervalle d'ampleur ±σ pour l'HG), 95,44% (±2σ) et 99,74% (±3σ) et nous étudions dans combien de cas la valeur d'humidité observée se trouve dans cet intervalle. On vérifie ainsi si le pourcentage observé coïncide avec la valeur attendue.

La Figure 53 nous montre les valeurs estimées avec l'intervalle de confiance à 68,26% et un intervalle qui reflet la variabilité intra-couche, cette variabilité est exprimée à partir du calcul de l'écart-type de l'ensemble de mesures prises entre les limites de la couche. On voit que les intervalles aux couches extrêmes sont plus grands que pour les couches de la moyenne troposphère du fait des erreurs d'apprentissage normalement plus élevées. Pour l'échantillon analysé, il est possible que ces intervalles de confiance soient surdimensionnés, du fait d'une variation très faible des couches proches de la surface. Les écart-types nous montrent que les couches extrêmes (1, 6 et 7) son plus homogènes que les couches à moyenne altitude.

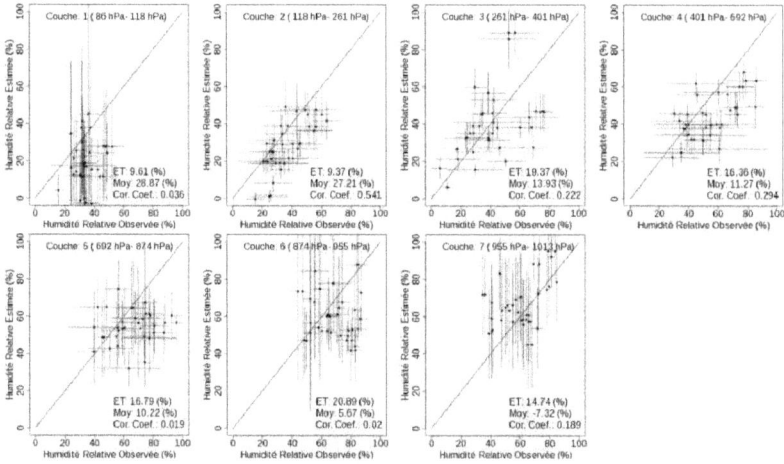

Figure 53: Humidité Relative Estimée en fonction de la moyenne de l'humidité relative observée calculée pour chaque couche et cas continentale, indication de l'espérance de l'erreur conditionnelle avec l'intervalle de confiance à 68,26% en bleu. L'écart-type de l'humidité relative observée dans la couche est indiqué en rouge. Les écart-types et les moyennes de l'erreur sont aussi indiquées pour chaque couche.

La Figure 54 montre trois exemples de profils obtenus pour des situations atmosphériques variées et on voit que les intervalles de confiance pour les couches de la moyenne troposphère (couches 3, 4 et 5) sont très sensibles à la situation considérée et que de grandes variations dans les caractéristiques de la pdf peuvent être observées.

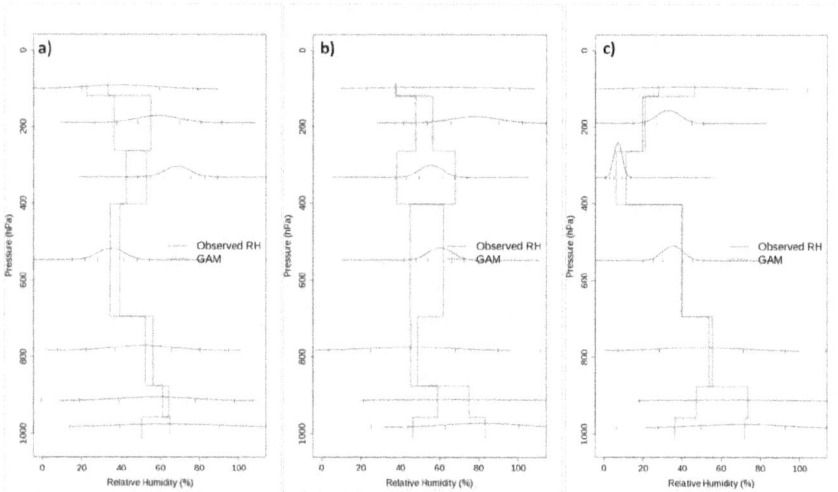

Figure 54: Trois exemples de profils d'humidité relative avec leurs pdfs de l'erreur conditionnelle graduée à σ, 2σ et 3σ. La figure (a) montre un profil proche à l'atmosphère tropical standard, la (b) montre un profil constant et la (c) un profil atypique où la troisième couche est très sèche et la quatrième est humide.

7.2.Sans bruit instrumental: Le cas océanique

Pour le cas océanique nous avons réalisé des expériences similaires au cas continental et nous trouvons un comportement similaire. La Figure 55 montre les scatter-plots d'humidité relative mesurée en fonction de l'observation en incluant l'espérance de l'erreur conditionnelle qui montre une couche de surface extrêmement homogène et humide (80% en moyenne), rappelant l'analyse de la base de radiosondages océaniques utilisés dans la phase d'apprentissage (Figure 22).

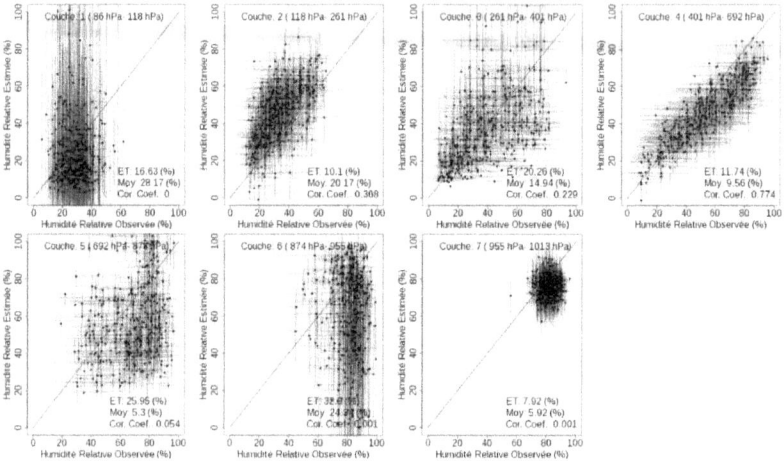

Figure 55: Humidité Relative Estimée en fonction de la moyenne de l'humidité relative observée calculée pour chaque couche et cas océanique, indication de l'espérance de l'erreur conditionnelle avec l'intervalle de confiance à 68,26% en bleu. L'écart-type de l'humidité relative observée dans la couche est indiqué en rouge. Les écart-types et les moyennes de l'erreur sont aussi indiquées pour chaque couche.

7.3.L'inclusion du bruit instrumental dans les modèles

Du fait que le bruit instrumental est une source d'incertitude non négligeable, nous avons reconstruit nos modèles en incluant l'information du bruit instrumental en vol afin de les rendre moins sensibles aux variations des TBs et améliorer à la fois la restitution du profil d'humidité et l'estimation de la pdf conditionnelle.

Pour réaliser cette tâche, nous avons simulé le bruit instrumental à l'aide d'une fonction génératrice de valeurs pseudo-aléatoires à partir d'une fonction Gaussienne centrée en zéro et un écart-type égal à la valeur $NE\Delta T$ de la sensibilité en vol, résumée dans le Tableau 6. Une fois le bruit instrumental introduit dans chaque canal, on a reproduit dix fois chaque élément de l'ensemble de données original et on a fait varier les valeurs des TBs en ajoutant des valeurs du bruit instrumental choisis aléatoirement. Ceci fournit un nouvel ensemble de données composé de 426740 situations atmosphériques où les canaux SAPHIR ont été bruités selon leur propre sensibilité.

Á partir de ces données, nous avons reconstruit les modèles optimisés déjà testés pour la restitution de l'humidité relative et ceux permettant d'estimer la pdf. Ainsi, les figures ci-dessous reprennent les évaluations sur les données réelles présentées précédemment avec des modèles GAM appris sur des données synthétiques bruitées.

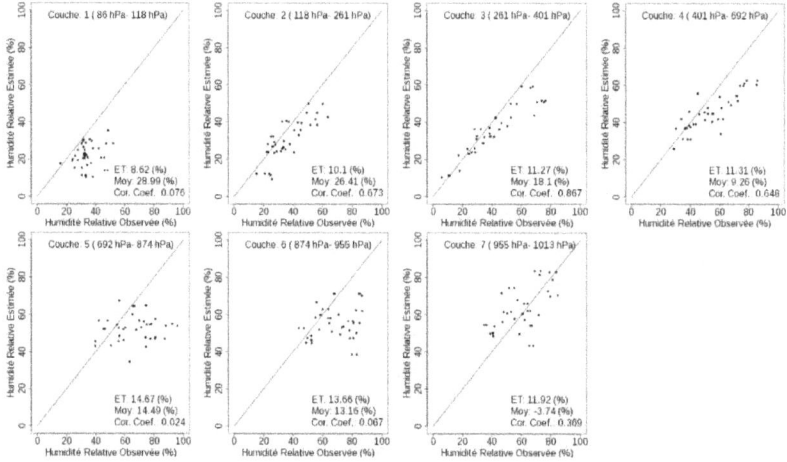

Figure 56: Même chose que pour la Figure 52 pour les modèles de restitution appris sur des données bruitées.

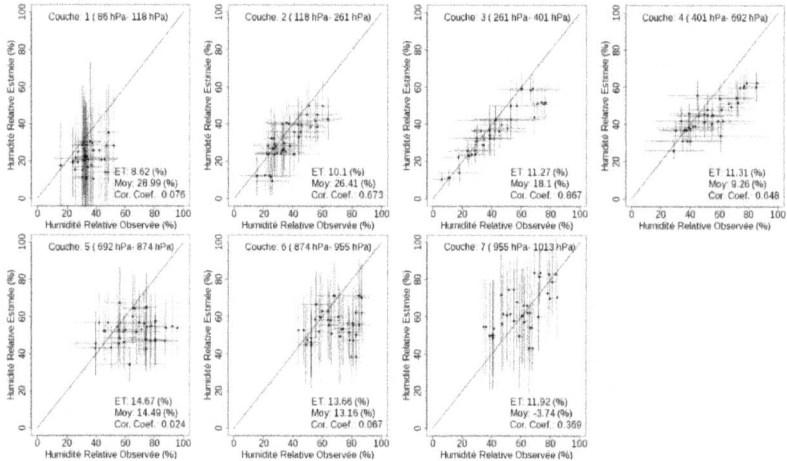

Figure 57: Même chose que la Figure 53 pour les modèles de restitution appris sur des données bruitées.

Ces résultats démontrent que la simulation des incertitudes due à la sensibilité radiométrique et son inclusion dans la phase d'apprentissage de tous les modèles permet d'obtenir des estimations plus robustes et moins sensibles aux variations des mesures de SAPHIR.

En effet, pour le cas continental les valeurs des écart-types et moyennes ont diminué sensiblement, avec une diminution maximale de 66% par rapport à la valeur estimée avec les modèles appris sans le bruit pour la troisième couche. On note cependant, le cas particulier de la couche de surface, pour lequel l'écart-type a augmenté, même si on observe un comportement généralement amélioré pour toutes les autres couches. Pour le cas océanique le comportement est plutôt l'opposé: on peut constater des diminutions dans les écart-types uniquement pour les couches de la moyenne troposphère.

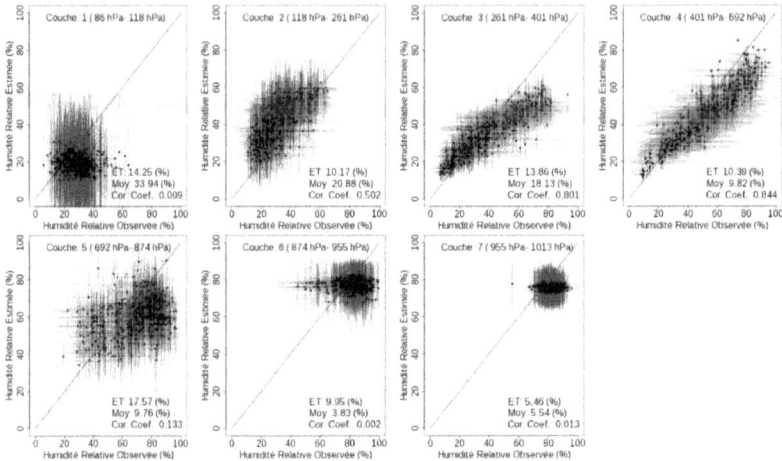

Figure 58: Même chose que la Figure 55 pour les modèles de restitution appris sur des données bruitées.

Finalement, l'estimation de la précision des modèles doit tenir en compte les sources d'incertitudes sur les radiosondages, comme par exemple nous pouvons ajouter à la variabilité intra-couche le biais sec que présentent les radiosondages due au chauffage solaire, caractéristique des sondes Vaïsala RS92-SGPD [Wang & Zhang (2008)], en haut de l'atmosphère. L'aire rectangulaire, formée par ces deux intervalles (l'intervalle des incertitudes des mesures et l'intervalle de confiance conditionnel), correspondra aux valeurs probables de l'humidité relative réelle. La précision des modèles est aussi liée à la couverture spatiale restreinte à un domaine particulier pour chaque situation (l'Afrique de l'Ouest et l'Océan Indien) qui peut influencer les statistiques.

Concernant les intervalles de confiance, ils sont maintenant plus adaptés aux variables restituées, en effet, pour les couches extrêmes on voit une diminution importante de l'intervalle et pour les couches de la moyenne troposphère (où la restitution a plus de précision) les intervalles ont augmenté en taille avec une estimation des intervalles de confiance plus réalistes. Les tableaux Tableau 8 et Tableau 9 montrent une comparaison entre les pourcentages de valeurs d'humidité relative mesurées qui se trouvent dans l'intervalle de confiance estimée par les modèles et on observe que les modèles qui incluent les incertitudes de sensibilité radiométrique s'approchent des valeurs attendues des intervalles de confiance.

Couche	Bruit	68,26%	95,44%	99,74%
1	Non	68,52	83,33	85,19
	Oui	88,89	98,15	100
2	Non	29,63	55,56	75,93
	Oui	38,89	88,89	96,30
3	Non	14,81	42,59	50,00
	Oui	55,56	77,78	96,30
4	Non	24,07	55,56	81,48
	Oui	38,89	81,48	92,59
5	Non	51,85	81,48	96,3
	Oui	59,26	75,93	92,59
6	Non	64,82	75,93	83,33
	Oui	64,81	85,19	94,44
7	Non	81,48	96,30	100
	Oui	88,89	96,30	96,30

Tableau 8: Comparaison des pourcentages des valeurs d'humidité relative qui se trouvent dans l'intervalle attendu, cas continental.

Couche	Bruit	68,26%	95,44%	99,74%
1	Non	58,37	84,58	91,41
	Oui	74,89	91,41	92,07
2	Non	3,75	12,78	25,77
	Oui	1,98	19,16	51,10
3	Non	11,67	36,12	61,45
	Oui	37,89	72,25	90,75
4	Non	33,26	62,78	78,41
	Oui	42,51	74,01	87,67
5	Non	22,25	44,71	64,10
	Oui	49,12	84,58	92,73
6	Non	26,21	74,89	85,68
	Oui	63,00	87,00	91,19
7	Non	56,17	83,92	91,85
	Oui	58,59	86,12	90,97

Tableau 9: Comparaison des pourcentages des valeurs d'humidité relative qui se trouvent dans l'intervalle attendu, cas océanique

7.4. Le modèle LS-SVM

En continuant l'analyse des comparaisons des restitutions avec des données réelles, on a suivi la même méthodologie de réapprentissage utilisée pour les modèles GAM aux modèles LS-SVM pour des données bruitées et on a comparé leurs résultats pour les données continentales. Le Tableau 10 nous montre une comparaison entre les principales valeurs statistiques des deux modèles (GAM et LS-SVM) pour le cas continental et on observe que le modèle LS-SVM obtient de meilleur résultats généralement aux deux indicateurs par couche. Bien évidement, la quantité des données utilisée pour cette comparaison ne nous permet pas d'extraire une conclusion définitive sur la performance des deux modèles mais on a une tendance à exprimer que le modèle LS-SVM est supérieur en termes de précision par rapport au modèle GAM. Par contre, une comparaison en temps de réponse des deux modèles nous montre que le modèle GAM est plus performante.

Couche	Ecart-type		Moyenne		Coefficient de Corrélation	
	GAM	LS-SVM	GAM	LS-SVM	GAM	LS-SVM
1	8,62	10,89	28,99	11,25	0,076	0,013
2	10,1	8,72	26,41	6,1	0,673	0,528
3	11,27	7,29	18,1	4,55	0,867	0,874
4	11,31	10,34	9,26	7,75	0,648	0,599
5	14,67	14,02	14,49	12,3	0,024	0,179
6	13,66	13,8	13,16	11,98	0,067	0,152
7	11,92	11,84	-3,74	-4,81	0,369	0,419

Tableau 10: Comparaison entre les caractéristiques statistiques des modèles GAM et LS-SVM pour les données réelles continentales.

8. Conclusions du chapitre

Dans ce chapitre nous avons fait une analyse préliminaire pour l'adéquation de nos modèles dans un contexte opérationnel. Pour cela, nous avons pris en compte les principales sources d'incertitudes et des contraintes liées aux mesures, comme l'angle d'incidence, le manque des données du radiomètre MADRAS et la sensibilité radiométrique.

On a reconstruit les modèles avec ces nouvelles caractéristiques et on a obtenu des résultats très encourageants et en accord avec les validations réalisées sur les données synthétiques: les modèles ont une bonne estimation de l'humidité relative entre 950 et 250hPa, l'écart-type minimal est obtenu sur la troisième couche du cas continental (8.61%), pour les couches extrêmes la restitution se dégrade progressivement en fonction de la quantité d'information contenue dans les mesures de SAPHIR.

On a comparé les résultats obtenues par le model GAM avec celles du modèle LS-SVM et on a observé une tendance d'amélioration en termes de précision pour le modèle LS-SVM qui doit être analyse par le fait de que le modèle LS-SVM est moins performante en termes du temps réponse.

On a obtenu aussi des résultats très encourageants liés aux estimations de la pdf de l'erreur conditionnelle avec une bonne adaptation des intervalles aux couches et situations atmosphériques.

Des autres sources d'erreurs sont en cours d'analyse, l'une d'entre elles correspondant aux incertitudes liées aux valeurs d'humidité relative mesurée par les radiosondes et la variabilité intra-couche, ce qui permettra de réellement tenir compte des pdf de l'erreur conditionnelle de la restitution lors de la confrontation aux mesures in situ.

Chapitre VI
Conclusions et perspectives

1. Conclusions

L'objectif de ce travail de thèse était de concevoir une méthodologie pour la restitution des profils d'humidité relative et quantifier l'erreur conditionnelle associée à partir des mesures microondes et il se situait dans le cadre de l'exploitation des mesures des deux radiomètres microondes SAPHIR et MADRAS du satellite franco-indien Megha-Tropiques lancé en Octobre 2011.

Il s'agissait donc de résoudre un problème inverse récurrent dans l'analyse des données satellites : l'interprétation des températures de brillance en variable géophysique pour l'étude d'une composante du système climatique. Ceci se fait de manière générale avec des méthodes numériques plus ou moins complexes selon le problème et la donnée à restituer, depuis des relations simples linéaires, à des méthodes plus complexes non linéaires. L'axe choisi ici pour résoudre ce problème a été de ne pas contraindre physiquement la restitution par une connaissance a priori de l'état de l'atmosphère, pour tenter d'exploiter au maximum les informations fournies par les deux radiomètres. L'innovation de ce travail de thèse repose sur la détermination de la pdf de l'erreur conditionnelle associée à la restitution pour chaque couche, approche qui n'est pas encore envisagé dans le cadre de la télédétection spatiale, que pourrais ouvrir des nouvelles lignes d'investigation et que pourra fournir des mesures de qualité plus réaliste en ce qui concerne les algorithmes d'estimation des profils verticaux.

Dans ce cadre, le développement de l'algorithme de restitution repose sur la construction d'un ensemble de données statistiques qui permettent la construction du modèle: l'ensemble des données doit donc couvrir au maximum les situations atmosphériques possibles rencontrées par les instruments de mesure dans la zone d'observation (océaniques, continentales, sèche, humide, etc.). Pour le traitement des mesures satellitaires, il faudrait idéalement recenser des milliers de mesures satellites qui soient parfaitement colocalisées avec des mesures de la thermodynamique de l'atmosphère provenant de radiosondages afin d'obtenir la meilleure relation entrée-sortie possible.

De tels couples radiosondage/satellite sont cependant généralement insuffisants d'un point de vue quantitatif, et surtout dans le cadre présent puisque les 6 canaux de SAPHIR sont innovants et l'âge de la mission (moins de 2 ans au moment de la rédaction, le satellite n'étant pas lancé au début de la thèse) ne permet pas la construction d'un ensemble d'apprentissage statistiquement robuste. Pour pallier ce problème des pseudo-observations de SAPHIR et MADRAS ont été simulées à partir d'une large base de radiosondages tropicaux et d'un modèle de transfert radiatif reprenant les caractéristiques spectrales des deux instruments. En conséquence, nous avons utilisé le modèle RTTOV de transfert radiative pour calculer de TBs synthétiques et parfaitement colocalisées avec les radiosondages utilisés. Ces TBs synthétiques ont été utilisées comme des entrées pour la construction de nos modèles de restitution.

Il a été nécessaire aussi d'analyser la distribution observée de l'humidité relative de la troposphère tropicale afin de réduire les dimensions du problème posé : le nombre de niveaux verticaux des profils d'humidité relative est forcément contraint par le nombre limité d'informations fournies par les deux radiomètres (6 canaux pour SAPHIR, 9 canaux pour MADRAS) et aussi par le fait que les températures de brillance sont des intégrales (sur le chemin parcours) des rayonnement émis par les corps aux différentes longueurs d'onde, ce qui produit des données qui ne sont pas entièrement indépendantes les unes par rapport aux autres. Pour réaliser cette analyse, nous avons exploité une base de radiosondages couvrant la bande tropicale sur la période 1990-2008, et fournissant le profil thermodynamique de la troposphère sur 22 niveaux (depuis 1013hPa jusque 80hPa).

L'analyse par cartes auto-organisatrices de Kohonen a permis de montrer que, du fait de la continuité de l'humidité relative, il est possible et pertinent de grouper des niveaux successifs en couches plus épaisses mais conservant néanmoins les structures principales du champ de vapeur d'eau. Les 22 niveaux initiaux des profils de la base de radiosondages ont ainsi été réduits à 7 couches plus ou moins épaisses, pour couvrir la troposphère tropicale.

Concernant les entrées des modèles, nous avons décidé d'ajouter les mesures fournies par l'instrument MADRAS du fait que certains de ses canaux sont liés au contenu total en vapeur d'eau (le canal à 23,8 GHz) et au continuum d'absorption (les canaux à 157 GHz, polarités Horizontal et Vertical) avec l'objectif d'améliorer la restitution, dans ce contexte on a comparé la précision d'estimation avec des modèles qui utilisent les données MADRAS et des modèles qui ne l'utilisent pas et on observe un dégradation importante surtout aux couches qui se trouvent près de la surface. Cette décision a entraînée la question du choix de canaux pertinent permettant de donner des résultats optimaux. Ce choix a été réalisé grâce à la méthode d'orthogonalisation de Gram-Schmidt, qui classe les entrées par rapport à la description de la sortie désirée (l'humidité relative dans la couche étudiée) en termes de relation linéaire. Cette classification est affectée aussi pour les prétraitements implémentés:

- ♦ Exprimer la sortie en fonction du logarithme de l'humidité relative avec l'objectif de linéariser des possibles relations exponentiels entre certains canaux et l'humidité relative.
- ♦ La décorrélation des entrées avec une analyse de composantes principales.

Trois modèles statistiques ont été optimisés pour estimer les profils d'humidité relative: un modèle neuronal (perceptron multicouche), le modèle additif généralisé (GAM) et les machines à vecteurs de support (LS-SVM). Les résultats des trois modèles ont été confrontés à l'aide d'indicateurs standard de qualité statistique (variance de l'erreur, coefficient de corrélation, biais de l'erreur) et nous avons obtenu des performances semblables entre les modèles de chaque couche, qui permet conclure que la précision sur la restitution est indépendante du modèle et que le contenu d'information des canaux SAPHIR et MADRAS pour chaque couche sont la contrainte principale de la restitution. En plus, on a observé des performances prometteuses : afin comparer avec des approches similaires on a calculé la valeur RMS globale, qui est dans l'ordre de 8% avec un maximum de 12% pour les couches basses, des valeurs supérieures aux objectives de la mission (20%) et similaires par rapport aux performances obtenues par des autres approches qui utilisent plus d'information (données microondes et infrarouge).

On a observé aussi que les modèles montrent des erreurs générales non biaisés et que l'ampleur de la fonction de probabilité de l'erreur dépend principalement de la couche étudiée ; par contre, on a observé aussi que l'erreur a une dépendance avec la situation atmosphérique, c'est-à-dire qu'il existe une dépendance entre l'erreur commise par le modèle et la valeur de l'humidité relative.

L'erreur, étant associé à la situation atmosphérique, est dépendante de l'humidité relative réelle mais cette valeur est inconnue pour nos modèles. Nous avons ainsi associé cette variable aux valeurs disponibles, dans notre cas les TBs mesurées par les instruments SAPHIR et MADRAS. Finalement, l'idée consiste à construire des modèles qui estiment la fonction de densité de l'erreur sachant les valeurs de TBs observées, donc, la fonction de probabilité conditionnelle de l'erreur ou pdf conditionnelle.

Pour construire ces modèles, nous avons utilisé les mêmes valeurs d'entrée utilisées pour les modèles optimales dans chaque couche et les sorties correspondent aux erreurs entre l'humidité relative observée et estimée. Comme la forme de la pdf conditionnelle peut varier, on a décidé de tester deux hypothèses : soit que la pdf est proche d'une fonction Gaussienne, soit que la pdf est bimodale et possible d'approcher à une mélange de deux Gaussiennes.

Pour l'hypothèse Gaussienne (HG) on a utilisé le modèle GAMLSS et pour la mélange des deux Gaussiennes (M2G) le modèle de Mélange de Régressions. Une fois les deux modèles optimisés pour chaque couche on a constaté que la pdf conditionnelle estimée par le modèle GAMLSS est plus proche de la pdf réelle grâce à l'estimation des intervalles de confiance avec une anomalie plus proche à zéro par rapport au modèle de M2G. En cohérence avec les modèles d'estimation de l'humidité relative, les intervalles de confiance obtenus pour les couches extrêmes (1er, 2ème, 6ème et 7ème) sont plus larges que ceux des couches à moyenne altitude.

Le satellite a été lancé le 12 octobre de 2011 et les données L1A2 (données géoréférencées et étalonnées) ont été mises à disposition au printemps 2013. Avec ces contraintes de temps, seule une évaluation préliminaire de la méthode sur des données réellement mesurées par Megha-Tropiques a pu être mise en œuvre, du fait des contraintes associées au traitement de ces données, qu'il soit associé au bruit instrumental, ou à la géométrie de visée

Les modèles appris sur des données bruitées ont influencé positivement la précision de la restitution du profil et des pdfs conditionnelles et les indicateurs statistiques (écart-type et coefficient de corrélation) ont montré des améliorations importantes. De plus, les intervalles de confiance estimés dans cette configuration sont plus adaptés par rapport aux intervalles issus des modèles appris sur des données non bruitées.

2. Travaux en cours et Perspectives

Les travaux en cours concernent les comparaisons préliminaires entre les valeurs d'humidité relative estimées par le modèle GAM et le programme d'assimilation du Centre Européen (ECMWF). La Figure 59 nous montre les valeurs d'humidité relative estimée par les deux modèles pour la quatrième couche (modèle GAM) et 550 hPa (une altitude proche à la moitié de la couche comparée) et l'estimation de l'intervalle de confiance conditionnel à 68%. On observe que le modèle GAM suit la dynamique présentée par le modèle ECMWF, spécialement pour les zones entourées. Aussi on peut observer qu'il existe une continuité de l'estimation pour les zones côtières (cercle au ouest de l'Afrique).

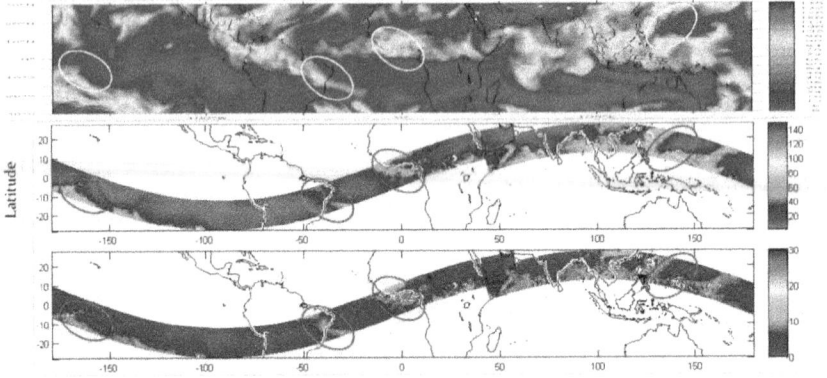

Figure 59: Comparaison entre l'humidité relative estimée pour la quatrième couche avec le modèle GAM pour le passage du satellite qui commence le 03/06/2012 à 12:00:00 et le modèle ECMWF à 550 hPa et 12h. Les cartes ont été construites pour toutes les situations atmosphèriques (ciel clair et nuageux).

Concernant la variance conditionnelle de cette couche, on observe qu'ils existent des valeurs fortes de l'erreur conditionnelle pour les zones que l'algorithme de restitution de l'humidité relative présent des différences visibles avec le modèle ECMWF (cercle à l'est de l'Amérique du Sud), cet comportement met en évidence l'importance de l'estimation de l'erreur conditionnelle : nous pouvons avoir une idée de la qualité associée à chaque restitution. Il est important aussi à remarquer que pour cette couche il existe une corrélation positive entre l'estimation de l'humidité relative et l'estimation de l'intervalle de confiance conditionnelle.

Une étude est en cours pour tenir en compte des incertitudes sur la mesure de l'humidité relative par radiosondage qui, en théorie, nous donnera une aire probable où la valeur vraie d'humidité relative est localisée (un axe avec l'intervalle de confiance et un deuxième axe avec les incertitudes et variabilité intra-couche des mesures des radiosondages). Les performances des trois modèles envisagés (GAM, LS-SVM, RN) doivent être comparées sur des données réelles afin de choisir le modèle le plus robuste en présence de bruit. Une fois cette étude finalisée, sera intéressant de confronter les profils d'humidité relative issus de nos modèles avec ceux issus d'analyses de l'atmosphère comme ceux du centre européen (ECMWF) pour pouvoir évaluer la précision et la congruence physique.

Dans le chapitre 3, nous avons conclu que les valeurs restituées peuvent être améliorées grâce à l'introduction d'information supplémentaire. Une analyse doit être mise au point pour déterminer les nouvelles sources d'information et reconstruire les modèles pour diminuer les erreurs d'estimation et obtenir des intervalles de confiance plus réalistes, spécialement aux couches extrêmes.

L'incrément de l'ensemble de données d'apprentissage couvrant des zones actuellement faiblement couverts est important pour diminuer l'erreur zonale; nous pouvons observer sur la Figure 15 des zones comment l'océan indien et pacifique, l'Afrique centrale, l'Amérique latine et le sud de l'océan atlantique une diminution ou une manque totale de radiosondages pour la phase d'apprentissage qui peut entrainer des problèmes de restitution.

Plusieurs pistes sont déjà à envisager pour améliorer les restitutions lorsque la phase de validation sera terminée. Il s'agira d'analyser les possibles sources d'erreur pour les profils humides, qui présentent des erreurs systématiquement plus importantes pour toutes les couches. Des analyses en visant la quantité de profils humides dans l'ensemble d'apprentissage des modèles, l'évaluation des incertitudes du modèle de tranfert radiatif ou la substitution du modèle RTTOV pour une modèle plus précis et étudier les incertitudes des radiosondages peuvent aider à diminuer cette erreur.

On analysera également plus spécifiquement la transition entre valeurs d'humidité relative estimées continentales et océaniques. Comme nous pouvons observer sur la Figure 60, il existe une différence importante entre les valeurs continentales d'humidité relative estimées et celles océaniques qui se trouvent géographiquement proche; cette différence peut être le résultat des plusieurs sources, comme le problème de faible couverture de certains zones et une amélioration en précision pour les couches extrêmes avec l'introduction d'information complémentaire dans la phase de construction des modèles.

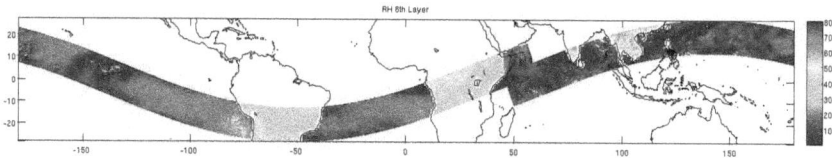

Figure 60: Humidité relative estimée, sixième couche pour la période 30/05/2012 10:52:54-12:47:45. On observe une forte différence pour les valeurs estimées océaniques et continentales.

L'objectif principal des algorithmes construits est de fournir des estimations des profils de vapeur d'eau et ses erreurs associées pour l'étude du champ de vapeur d'eau dans la zone tropicale. Pour atteindre cet objectif, les modèles sont en phase de codage avec FORTRAN afin d'obtenir un logiciel opérationnel.

Références

[A. J. Smola (2003)]   A. J. Smola, B. S. (2003), 'A tutorial on support vector regression', *NeuroCOLT Technical Report* .

[Adler et al. (1991)]   Adler, R., Yeh, H.-Y., Tao, N. P. W.-K. & Simpson, J. (1991), 'Microwave simulations of a tropical rainfall system with a three-dimensional cloud model', *Journal of Applied Meteorology* **30**.

[Aires et al. (2010)]   Aires, F., Bernardo, F., Brogniez, H. & Prigent, C. (2010), 'An innovative calibration method for the inversion of satellite observations', *J. Appl. Meteor. Climatol.* **49**, 2458–2473.

[Aires et al. (2012)]   Aires, F., Bernardo, F. & Prigent, C. (2012), 'Atmospheric water-vapour profiling from passive microwave sounders over ocean and land. part i: Methodology for the megha-tropiques mission', *Quarterly Journal of the Royal Meteorological Society* .

[Aires et al. (2002)]   Aires, F., Chédin, A., Scott, N. A. & Rossow, W. B. (2002), 'A regularized neural net approach for retrieval of atmospheric and surface temperatures with the iasi instrument', *Journal of Applied Meteorology* **41**, 144–159.

[Aires & Prigent (2001)] Aires, F. & Prigent, C. (2001), 'A new neural network approach including first guess for retrieval of atmospheric water vapor, cloud liquid water path, surface temperature, and emissivities over land from satellite microwave observations', *J. Geophys. Res.* **106**, 14887–14907.

[Alan Betts (1988)]   Alan Betts, W. R. (1988), 'Climatic equilibrium of the atmospheric convective boundary layer over a tropical ocean', *Journal of the Atmospheric Sciences* .

[Anandhi et al. (2008)] Anandhi, A., Srinivas, V., Nanjundiah, R. & Kumar, D. (2008), 'Downscaling precipitation to river basin in India for IPCC SRES scenarios using support vector machine', *Int. J. Climatol.* **28**, 401–420.

[Arsa-Group (n.d.)]   Arsa-Group (n.d.), 'Atmospheric radiation analysis - analyzed radiosoundings archive (arsa)', http://ara.abct.lmd.polytechnique.fr/index.php?page=arsa/.

[Balabin & Lomakina (2011)]   Balabin, R. & Lomakina, E. (2011), 'Support vector machine regression (SVR/LS-SVM). An alternative to neural networks (ANN) for analytical chemistry? Comparison of nonlinear methods on near infrared (NIR) spectroscopy data', *Analyst* **136**, 1703–1712.

[Bauer & Godon (1991)]   Bauer, A. & Godon, M. (1991), 'Temperature dependence of water-vapor absorption in linewings at 190 {GHz}', *Journal of Quantitative Spectroscopy and Radiative Transfer* **46**(3), 211 – 220. http://www.sciencedirect.com/science/article/pii/002240739190025L

[Beckmann & Buishand (2002)] Beckmann, B. & Buishand, T. (2002), 'Statistical downscaling relationships for precipitations in The Netherlands and North Germany', *Int. J. Climatol.* **22**, 15–32.

[Belsley et al. (1980)]   Belsley, D., Kuh, E. & Welsch, R. (1980), *Regression Diagnostics*.

[Benaglia et al. (2009)] Benaglia, T., Chauveau, D., Hunter, D. R. & Young, D. S. (2009), 'mixtools: An r package for analyzing mixture models', *Journal of Statistical Software* **32**.

[Bennartz & Bauer (2003)]   Bennartz, R. & Bauer, P. (2003), 'Sensitivity of microwave radiances at 85-183 GHz to precipitating ice particles', *Radio Sci.* **38**, doi:10.1029/2002RS002626.

[Bergot (1993)] Bergot, T. (1993), ModÃ©lisation du brouillard Ã l'aide d'un modÃ¨le 1D forcÃ© par des champs mÃ©soÃ©chelle: application Ã la prÃ©vision = Numerical simulation of fog with a 1D model forced by mesoscale parameters: Forecasting application, PhD thesis, Université de Toulouse 3.

[Bishop (1995)] Bishop, C. (1995), *Neural networks for pattern recognition*, Vol. 1, Clarendon Press.

[Blankenship et al. (2000)]   Blankenship, C., Al-Khalaf, A. & Wilheit, T. (2000), 'Retrieval of water vapor profiles using ssm/t-2 and ssm/i data', *American Meteorological Society* **57**, 939–955.

[Brogniez et al. (2011)] Brogniez, H., Kirstetter, P.-E. & Eymard, L. (2011), 'Expected improvements in the atmospheric humidity profile retrieval using the Megha-Tropiques microwave payload', *Q. J. R. Meteorol. Soc.* p. doi:10.1002/qj.1869.

[Brogniez & Pierrehumbert (2006)]   Brogniez, H. & Pierrehumbert, R. (2006), 'Using microwave observations to assess large-scale control of free tropospheric water vapor in the mid-latitudes', *Geophysical Research Letters* **33**.

[Brogniez et al. (2004)] Brogniez, H., Roca, R. & Picon, L. (2004), 'Evaluation de l'humidité de la troposphère libre tropicale dans les mcgs avec meteosat: Méthodologie et application á amip-2.', *Ateliers de Modélisation de l'Atmosphère "Contrôle et vérification des modèles"* .

[Brogniez et al. (2009)] Brogniez, H., Roca, R. & Picon, L. (2009), 'A study of the free tropospheric humidity interannual variability using meteosat data and an advectionâ€"condensation transport model', *Journal of Climate* **22**, 6773–6787.

[Buda et al. (2005)]   Buda, S., Bo, X., Deming, Z. & Tong, J. (2005), 'Trends in frequency of precipitation extremes in the yangtze river basin, china: 1960â€"2003', *Journal des Sciences Hydrologiques* **50**, 479–492.

[Buehler et al. (2005)]   Buehler, S. A., Kuvatov, M. & John, V. O. (2005), 'Scan asymmetries in amsu-b data', *Geophysical Research Letters* **32**(24), n/a–n/a. http://dx.doi.org/10.1029/2005GL024747

[Cabrera-Mercadier & Staelin (1995*a*)] Cabrera-Mercadier, C. & Staelin, D. (1995*a*), 'Passive microwave relative humidity retrievals using feedforward neural networks', *IEEE Trans. Geosci. Remote Sens.* **33**, 1324–1328.

[Cabrera-Mercadier & Staelin (1995*b*)] Cabrera-Mercadier, C. & Staelin, D. (1995*b*), 'Passive microwave relative humidity retrievals using feedforward neural networks', *IEEE Transactions on Geoscience and Remote Sensing* **33**, 1324–1328.

[Capderou (2009)]   Capderou, M. (2009), 'Sampling. comparison with other meteorological satellites', *Megha-Tropiques Technical Memorandum* .

[Carn et al. (2008)]   Carn, S. A., Prata, A. J. & KarlsdÃ³ttir, S. (2008), 'Circumpolar transport of a volcanic cloud from hekla (iceland)', *Journal of Geophysical Research: Atmospheres* **113**(D14), n/a–n/a. http://dx.doi.org/10.1029/2008JD009878

[Cawley & Talbot (2007)]   Cawley, G. & Talbot, N. (2007), 'Preventing over-fitting during model selection via bayesian regularisation of the hyper-parameters', *Journal of Machine Learning Research* **8**, 841–861.

[Chen et al. (1989)]   Chen, S., Billings, S. & Luo, W. (1989), 'Orthogonal least squares methods and their application to non-linear system identification', *International Journal of Control* **50**, 1873–1896.

[Craven & Wabha (1979)]   Craven, P. & Wabha, G. (1979), 'Smoothing noisy data with spline function : estimating the correct degree of smoothing by the method of generalized cross-validation', *Numerische Mathematik* **21**, 377–403.

[Danese & Partridge (1989)]   Danese, L. & Partridge, R. B. (1989), 'Atmospheric emission models - confrontation between observational data and predictions in the 2.5-300 ghz frequency range', *Astrophysical Journal, Part 1* **342**, 604–615.

[Davis et al. (1998)]   Davis, J., Eder, B., Nychka, D. & Yang, Q. (1998), 'Modeling the effects of eteorology on Ozone in Houston using cluster analysis and generalized additive models', *Atmos. Environ.* **32**, 2505–2520.

[Deblonde & English (2001)]   Deblonde, G. & English, S. (2001), 'Evaluation of the FASTEM-2 fast microwave oceanic surface emissivity model', *Tech. Proc.* .

[Dee et al. (2011)]   Dee, D. P., Uppala, S. M., Simmons, A. J., Berrisford, P., Poli, P., Kobayashi, S., Andrae, U., Balmaseda, M. A., Balsamo, G., Bauer, P., Bechtold, P., Beljaars, A. C. M., van de Berg, L., Bidlot, J., Bormann, N., Delsol, C., Dragani, R., Fuentes, M., Geer, A. J., Haimberger, L., Healy, S. B., Hersbach, H., Hòlm, E. V., Isaksen, L., Kallberg, P., K, M., Matricardi, M., McNally, A. P., Monge-Sanz, B. M., Morcrette, J.-J., Park, B.-K., Peubey, C., de Rosnay, P., Tavolato, C., Thépaut, J.-N. & Vitart, F. (2011), 'The era-interim reanalysis: configuration and performance of the data assimilation system', *Quarterly Journal of the Royal Meteorological Society* **137**(656), 553–597.

[Desbois (2007)]   Desbois, M. (2007), Megha-tropiques: un satellite hydromÃ©tÃ©orologique franco-indien, Technical report.

[Drobinski (2005)]   Drobinski, P. (2005), Dynamique de la couche limite atmosphérique: de la turbulence aux systèmes de méso-échelle, PhD thesis, Université de Pierre et Marie Curie.

[Duda et al. (2001)]   Duda, R., Hart, P. & Stork, D. (2001), *Pattern Classification*, 2nd edn, Wiley-Interscience.

[Ekman (1905)] Ekman, W. (1905), 'On the influence of the earth's rotation on ocean currents', *Ark. Mat. Astron. Fys.* **2**.

[Engelen & Stephens (1999)]   Engelen, R. & Stephens, G. (1999), 'Characterization of water-vapour retrievals from tovs/hirs and ssm/t-2 measurements', *Quarterly Journal of the Royal Meteorological Society* **125**.

[English et al. (1994)]   English, S., Guillou, C., Prigent, C. & Jones, D. (1994), 'Aircraft measurements of water vapour continuum absorption at millimetre wavelengths', *Q. J. R. Meteorol. Soc.* **120**, 603–625.

[Eymard et al. (2002)]   Eymard, L., Gheudin, M., Laborie, P., Sirou, F., Gac, C. L., Vinson, J., Franquet, S., Desbois, M., Roca, R., Scott, N. & Waldteufel, P. (2002), 'The saphir humidity sounder', *MEGHA-TROPIQUES 2nd Scientific Workshop, 2-6 July 2001, Paris, France* .

[Frisch et al. (1995)]   Frisch, A. S., Fairall, C. W. & Snider, J. B. (1995), 'Measurement of stratus cloud and drizzle parameters in astex with a kÎ±-band doppler radar and a microwave radiometer', *Journal of the Atmospheric Sciences* **52**.

[Gaffen et al. (1991)]   Gaffen, D., Barnett, T. & Elliott, W. (1991), 'Space and time scales of global tropospheric moisture', *Journal of Climate* **4**, 989–1008.

[Galewsky et al. (2007)] Galewsky, J., Strong, M. & Sharp, Z. D. (2007), 'Measurements of water vapor d/h ratios from mauna kea, hawaii, and implications for subtropical humidity dynamics', *Geophysical Research Letters* **34**(22). http://dx.doi.org/10.1029/2007GL031330

[Gao & Goetz (1990)]   Gao, B.-C. & Goetz, A. F. H. (1990), 'Column atmospheric water vapor and vegetation liquid water retrievals from airborne imaging spectrometer data', *Journal of Geophysical Research: Atmospheres* **95**(D4), 3549–3564. http://dx.doi.org/10.1029/JD095iD04p03549

[Gayet (1988)] Gayet, J. F. (1988), 'Measurements of microphysical cloud and precipitation characteristics (accuracy and area of measurements with the pms cloudsonde)', *Météorologie* **25**, 9–19.

[Gierens et al. (1999)]   Gierens, K., Schumann, U., Helten, M., Smit, H. & Marenco, A. (1999), 'A distribution law for relative humidity in the upper troposphere and lower stratosphere derived from three years of MOZAIC measurements', *Ann. Geophysicae* **17**, 1218–1226.

[Greenwald & Jones (1999)]   Greenwald, T. & Jones, A. (1999), 'Evaluation of seawater permittivity models at 150 ghz using satellite observations', *IEEE Transactions on Geoscience and Remote Sensing* **37**.

[Hall & Manabe (2000)] Hall, A. & Manabe, S. (2000), 'Effect of water vapor feedback on internal and anthropogenic variations of the global hydrological cycle', *J. Geophys. Res.* **105**, 6935–6944.

[Hastie & Tibshirani (1990)]   Hastie, T. & Tibshirani, R. (1990), *Generalized Additive Models*, Chapman & Hall/CRC.

[Hastie et al. (2009)]   Hastie, T., Tibshirani, R. & Friedman, J. (2009), *High-Dimensional Problems: p N*.

[Haykin (1994)] Haykin, S. (1994), *Neural Networks: A Comprehensive Foundation*, IEEE Press, New York, NY, USA.

[Held & Soden (2000)] Held, I. & Soden, B. (2000), 'Water vapour feedback and global warming', *Annu. Rev. Energy Environn.* **25**, 441–475.

[Held & Soden (2006)] Held, I. & Soden, B. (2006), 'Robust responses of the hydrological cycle to global warming', *J. Clim.* **19**, 3354–3360.

[Hornik et al. (1989)] Hornik, K., Stinchcombe, M. & White, H. (1989), 'Multilayer feedforward networks are universal approximators', *Neural Networks* **2**, 359–366.

[Houze & Betts (1981)] Houze, R. & Betts, A. (1981), 'Convection in GATE', *Rev. Geophys.* **19**, 541–576.

[Immler et al. (2010)] Immler, F. J., Dykema, J., Gardiner, T., Whiteman, D. N., Thorne, P. W. & Vömel, H. (2010), 'Reference quality upper-air measurements: guidance for developing gruan data products', *Atmospheric Measurement Techniques* **3**, 1217–1231.

[Kacimi et al. (2013)] Kacimi, S., Viltard, N. & Kirstetter, P.-E. (2013), 'A new methodology for rain identiï¬ cation from passive microwave data in the tropics using neural networks', *Quarterly Journal of the Royal Meteorological Society* **139**(673), 912–922.

[Kakar (1983)] Kakar, R. (1983), 'Retrieval of clear sky moisture profiles using the 183 ghz water vapor line', *Journal of Applied Meteorology* **22**, 1282–1289.

[Karbou et al. (2005)] Karbou, F., Aires, F., Prigent, C. & Eymard, L. (2005), 'Potential of Advanced Microwaves Sounding Unit-A (AMSU-A) and AMSU-B measurements for atmospheric temperature and humidity profiling over land', *J. Geophys. Res.* **110**, doi:10.1029/2004JD005318.

[King et al. (2003)] King, M., Menzel, W., Kaufman, Y., Tanre, D., Gao, B.-C., Platnick, S., Ackerman, S., Remer, L., Pincus, R. & Hubanks, P. (2003), 'Cloud and aerosol properties, precipitable water, and profiles of temperature and water vapor from modis', *Geoscience and Remote Sensing, IEEE Transactions on* **41**(2), 442–458.

[Koenig & Murray (1983)] Koenig, L. R. & Murray, F. W. (1983), 'Theoretical experiments on cumulus dynamics', *Journal of the atmospheric sciences* **40**, 1241–1256.

[Kohonen (2001)] Kohonen, T. (2001), *Self-Organizing maps*, 3rd edn, Springer series in Informations Sciences.

[Kummerow & Giglio (1994)] Kummerow, C. & Giglio, L. (1994), 'A passive microwave technique for estimating rainfall and vertical structure information from space. part i: Algorithm description', *Journal of Applied Meteorology* **33**.

[Kuo et al. (1994)] Kuo, C., Staelin, D. & Rosenkranz, P. (1994), 'Statistical iterative scheme for estimating atmospheric relative humidity profiles', *IEEE Transactions on Geoscience and Remote Sensing* **32**, 254–260.

[Laurent & Cook (1993)] Laurent & Cook, R. (1993), 'Leverage, local influence and curvature in nonlinear regression', *Biometrika* **80**.

[Lee et al. (2004)] Lee, Y., Wahba, G. & Ackerman, S. (2004), 'Cloud classification of satellite radiance data by Multicategory Support Vectore Machines', *J. Atmos. Oceanic Technol.* **21**, 159–169.

[Liebe (1989)] Liebe, H. J. (1989), 'Mpm-an atmospheric millimeter wave propagation model', *Int. J. Infrared Milimiter Waves* **10**, 631–650.

[Liebe & Layton (1987)] Liebe, H. & Layton, D. (1987), 'Millimeterâ€"wave properties of the atmosphere', *National Telecomunications and Information Administration* **TR-87-224**.

[Liou & Hwang (1992)] Liou, M. & Hwang, J. J. (1992), 'Turbulent heat transfer augmentation and friction in periodic fully developed channel flows', *Journal of heat transfer* **114**, 56–64.

[Liu & Weng (2005)] Liu, Q. & Weng, F. (2005), 'One-dimensional variational retrieval algorithm of temperature, water vapor and cloud water profiles from advanced microwave sounding unit (amsu)', *IEEE Transactions on Geoscience and Remote Sensing* **43**, 1087–1095.

[Luo et al. (2007)] Luo, Z., Kley, D. & Johnson, R. (2007), 'Ten years of measurements of tropical upper-tropospheric water vapor by mozaic. part i: Climatology, variability, transport, and relation to deep convection', *Journal of Climate* **20**.

[Mallet et al. (1993)] Mallet, C., Moreau, E., Casagrande, L. & Klapisz, C. (1993), 'Determination of integrated cloud liquid water path and total precipitable water from SSM/I data using a neural network algorithm', *Int. J. Remote Sens.* **23**, 661–674.

[Marquardt (1963)] Marquardt, D. (1963), 'An algorithm for least squares estimation of non-linear parameters', *Journal of the Society for Industrial and Applied Mathematics* **11**, 431–441.

[Matricardi (2005)] Matricardi, M. (2005), 'Recent advances in the science of rttov', *International TOVS Study Conference-XV Proceedings* .

[Matricardi et al. (2004)] Matricardi, M., Chevallier, F., Kelly, G. & Thépaut, J. (2004), 'An improved general fast radiative transfer model for the assimilation of radiance observations', *American Meteorological Society* **130**, 153–173.

[McClatchey et al. (1971)] McClatchey, R., Fenn, J., Selby, F., Volz & Garing, J. (1971), 'Optical properties of the atmosphere (revised)', *Environmental paper nÂ°354* .

[McDonald (1960)] McDonald, J. E. (1960), 'Direct absorption of solar radiation by atmospheric water vapor', *Journal of Meteorology* **17**, 319–328.

[Mestre & Hallegatte (2009)] Mestre, O. & Hallegatte, S. (2009), 'Predictors of tropical cyclone numbers and extreme hurricane intensities over the North Atlantic using Generalized Additive and Linear Models', *J. Clim.* **22**, 633–648.

[Miloshevich et al. (2001)] Miloshevich, L., Vömel, H., Paukkunen, A., Heymsfield, A. & Oltmans, S. (2001), 'Characterization and correction of relative humidity measurements from vaisala rs80-a radiosondes at cold temperatures', *Journal of Climate* **18**, 135–156.

[Morel et al. (1978)]   Morel, P., Desbois, M. & Szejwach, G. (1978), 'A new insight into the troposphere with the water vapor channel of meteosat', *Bulletin of the American Meteorological Society* **59**, 711–714.

[Nakajima & King (1990)]   Nakajima, T. & King, M. (1990), 'Determination of the optical thickness and effective particle radius of clouds from reflected solar radiation measurements. part i: Theory', *Journal of the Atmospheric Sciences* **47**.

[Nakajima & Nakajma (1995)]   Nakajima, T. & Nakajma, T. (1995), 'Wide-area determination of cloud microphysical properties from noaa avhrr measurements for fire and astex regions', *Journal of the Atmospheric Sciences* **52**.

[Noël et al. (1999)]   Noël, S., Buchwitz, M., Bovensmann, H., Hoogen, R. & Burrows, J. P. (1999), 'Atmospheric water vapor amounts retrieved from gome satellite data', *Geophysical Research Letters* **26**(13), 1841–1844. http://dx.doi.org/10.1029/1999GL900437

[Noël et al. (2004)]   Noël, S., Buchwitz, M. & Burrows, J. P. (2004), 'First retrieval of global water vapour column amounts from sciamachy measurements', *Atmospheric Chemistry and Physics* **4**, 111–125.

[Panegrossi et al. (1998)]   Panegrossi, G., Dietrich, S., Marzano, F. S., Mugnai, A., Smith, E. A., Xiang, X., Tripoli, G. J., Wang, P. K. & Poiares Baptista, J. P. V. (1998), 'Use of cloud model microphysics for passive microwave-based precipitation retrieval: Significance of consistency between model and measurement manifolds', *Journal of the Atmospheric Sciences* **55**.

[Picon & Desbois (1990)]   Picon, L. & Desbois, M. (1990), 'Relation between meteosat water vapor radiance fields and large scale tropical circulation features.', *Journal of Climate* **3**, 865–876.

[Pierrehumbert et al. (2007)]   Pierrehumbert, R., Brogniez, H. & Roca, R. (2007), *On the relative humidity of the Earth's atmosphere*, in The Global Circulation of the Atmosphere, Princeton University Press, pp 143-185.

[Pierrehumbert & Roca (1998)]   Pierrehumbert, R. & Roca, R. (1998), 'Evidence for control of Atlantic subtropical humidity by large-scale advection', *Geophys. Res. Lett.* **25**, 4537–4540.

[Prigent et al. (2006)]   Prigent, C., Aires, F. & Rossow, W. (2006), 'Land surface microwave emissivities over the globe for a decade', *Bulletin of the American Meteorological Society* pp. 1572–1584.

[Prigent et al. (2004)]   Prigent, C., Chevallier, F., Karbou, F., Bauer, P. & Kelly, G. (2004), 'Amsu-a land surface emissivity estimation for numerical weather prediction. nwp saf', *IEEE Transactions on Geoscience and Remote Sensing* .

[Prigent et al. (2000)]   Prigent, C., Wigneron, J.-P., Rossow, W. B. & Pardo-Carrion, J. R. (2000), 'Frequency and angular variations of land surface microwave emissivities: Can we estimate ssm/t and amsu emissivities from ssm/i emissivities?', *IEEE Transactions on Geoscience and Remote Sensing* **38**.

[Qu (2009)]   Qu, Z. (2009), *Cooperative Control of Dynamical Systems*.

[Read et al. (2007)]   Read, W. G., Lambert, A., Bacmeister, J., Cofield, R. E., Christensen, L. E., Cuddy, D. T., Daffer, W. H., Drouin, B. J., Fetzer, E., Froidevaux, L., Fuller, R., Herman, R., Jarnot, R. F., Jiang, J. H., Jiang, Y. B., Kelly, K., Knosp, B. W., Kovalenko, L. J., Livesey, N. J., Liu, H.-C., Manney, G. L., Pickett, H. M., Pumphrey, H. C., Rosenlof, K. H., Sabounchi, X., Santee, M. L., Schwartz, M. J., Snyder, W. V., Stek, P. C., Su, H., Takacs, L. L., Thurstans, R. P., Vömel, H., Wagner, P. A., Waters, J. W., Webster, C. R., Weinstock, E. M. & Wu, D. L. (2007), 'Aura Microwave Limb Sounder upper tropospheric and lower stratospheric H2O and relative humidity with respect to ice validation', *J. Geophys. Res.* **112**.

[Read et al. (2001)]   Read, W. G., Waters, J. W., Wu, D. L., Stone, E., Shippony, Z., Smedley, A. C., C.C.Smallcomb, Oltmans, S., Kley, D., Smit, H. G. J., Mergenthaler, J. & Karki, M. (2001), 'UARS Microwave Limb Sounder upper tropospheric humidity measurement: Method and validation', *J. Geophys. Res.* **106**, 32207–32258.

[Rider (1954)]   Rider, N. (1954), 'Eddy diffusion of momentum, water vapour, and heat near the ground', *Philosophical Transactions of The Royal Society* **246**(918), 481–501.

[Rieder & Kirchengast (1999)]   Rieder, M. & Kirchengast, G. (1999), 'Physical-statistical retrieval of water vapor profiles using ssm/t-2 sounder data', *Geophysical Research Letters* **26**, 1397–1400.

[Rigby & Stasinopoulos (2001)] Rigby, R. & Stasinopoulos, D. (2001), 'The gamlss project: a flexible approach to statistical modelling', *In New Trends in Statistical Modelling: Proceedings of the 16th International Workshop on Statistical Modelling* pp. 337–345.

[Roca (2011)]   Roca, R.   (2011), 'The   megha-tropiques   mission.   mission   description'. http://meghatropiques.ipsl.polytechnique.fr/mission-description.html

[Roca et al. (2010)]   Roca, R., Bergès, J.-C., Brogniez, H., Capderou, M., Chambon, P., Chomette, O., Cloché, S., Fiolleau, T., Jobard, I., Lémond, J., Ly, M., Picon, L., Raberanto, P., Szantai, A. & Viollier, M. (2010), 'On the water and energy cycles in the Tropics', *C.R. Geoscience* **342**, 390–402.

[Rodriguez et al. (2011)]   Rodriguez, J. M., Ustin, S. L. & RiaÃ±o, D. (2011), 'Contributions of imaging spectroscopy to improve estimates of evapotranspiration', *Hydrological Processes* **25**(26), 4069–4081. http://dx.doi.org/10.1002/hyp.8368

[Rosenkranz et al. (1982)]   Rosenkranz, P., Komichak, M. & Staelin, D. (1982), 'A method for estimation of atmospheric water vapor profiles by microwave radiometry', *Journal of Applied Meteorology* **21**, 1364–1370.

[Ruf et al. (1994)]   Ruf, C. S., Keihm, S. J., Subramanya, B. & Janssen, M. A. (1994), 'Topex/poseidon microwave radiometer performance and in-flight calibration', *Journal of Geophysical Research: Oceans* **99**(C12), 24915–24926. http://dx.doi.org/10.1029/94JC00717

[Rumelhart et al. (1986)]   Rumelhart, D., Hintonâ€¯, G. & Williams, R. (1986), *Learning internal representation by error propagation. in: Parallel Distributed Processing: Explorations in the Microstructure of Cognition*, Vol. 1, D. E. Rumelhart and J. L. McClelland.

[Sakai et al. (2007)]   Sakai, T., Nagai, T., Nakazato, M., Matsumura, T., Orikasa, N. & Shoji, Y. (2007), 'Comparisons of raman lidar measurements of tropospheric water vapor profiles with radiosondes, hygrometers on the meteorological observation tower, and gps at tsukuba, japan', *Journal of Atmospheric and Oceanic Technology* **24**, 1407–1423.

[Saunders et al. (1999)] Saunders, R., Matricardi, M. & Brunel, P. (1999), 'An improved fast radiative transfer model for assimilation of satellite radiance observations', *Quarterly Journal of the Royal Meteorological Society* **125**(556), 1407–1425. http://dx.doi.org/10.1002/qj.1999.49712555615

[Schaerer & Wilheit (1979)]   Schaerer, G. & Wilheit, T. T. (1979), 'A passive microwave technique for profiling of atmospheric water vapor', *Radio Science* **14**, 371–375.

[Sherwood et al. (2010)]   Sherwood, S., Roca, R., Weckwerth, T. & Andronova, N. (2010), 'Tropospheric water vapor, convection and climate', *Rev. Geophys.* **48**, doi:10.1029/2009RG000301.

[Soden (1993)] Soden, B. (1993), 'Upper tropospheric relative humidity from the goes 6.7 channel: Method and climatology for july 1987', *Journal of Geophysical Research* **98**.

[Soden & Held (2006)] Soden, B. & Held, I. (2006), 'An assessment of climate feedbacks in coupled ocean–atmosphere models', *Journal of Climate* **19**, 3354–3360.

[Spencer & Braswell (1997)]   Spencer, R. & Braswell, W. (1997), 'How dry is the tropical free troposphere? Implications for a global warming theory', *Bull. Am. Meteor. Soc.* **78**, 1097–1106.

[Staelin et al. (1976)]   Staelin, D. H., Kunzi, K. F., Pettyjohn, R. L., Poon, R. K. L., Wilcox, R. W. & Waters, J. W. (1976), 'Remote sensing of atmospheric water vapor and liquid water with the nimbus 5 microwave spectrometer', *Journal of Applied Meteorology* **15**, 1204–1214.

[Stephens et al. (2002)] Stephens, G. L., Vane, Deborah G.and Boain, R. J., Mace, G. G., Sassen, K., Wang, Z., Illingworth, A. J., O'Connor, E. J., Rossow, W. B., Durden, S. L., Miller, S. D., Austin, R. T., Benedetti, A., Mitrescu, C. & Team, T. C. S. (2002), 'The cloudsat mission and the a-train', *Bulletin of the American Meteorological Society* **83**.

[Strong et al. (2007)]   Strong, M., Sharp, Z. D. & Gutzler, D. S. (2007), 'Diagnosing moisture transport using d/h ratios of water vapor', *Geophysical Research Letters* **34**(3), n/a–n/a. http://dx.doi.org/10.1029/2006GL028307

[Sun et al. (2005)]   Sun, B.-Y., Huang, D.-S. & Fang, H.-T. (2005), 'Lidar signal denoising using Least-Squares Support Vector Machine', *IEEE Signal Processing Lett.* **12**, 101–104.

[Suykens et al. (2002)] Suykens, J. A., Gestel, T. V., de Brabanter, J., de Moor, B. & Vandewalle, J. (2002), *Least Squares Support Vector Machines*, World Scientific.

[Thiria et al. (1993)]   Thiria, S., Mejia, C., Badran, F. & Crepon, M. (1993), 'A neural network approach for modelling non linear transfer functions: Application for wind retrieval from spaceborne scatterometer data', *J. Geophys. Res.* **98**, 22827–22841.

[Tripathi et al. (2006)]   Tripathi, S., Srinivas, V. & Nanjundiah, R. (2006), 'Downscaling of precipitation for climate change scenarios: a support vectore machine approach', *J. Hydrol.* **330**, 621–640.

[Ulaby et al. (1981)]   Ulaby, F., Moore, R. & Fung, A. (1981), *Microwave Remote Sensing Active and Passing Vol. 1: Microwave Remote Sensing Fundamentals and Radiometry*, Vol. 1, Addison-Wesley.

[Underwood (2009)]   Underwood, F. (2009), 'Describing long-term trends in precipitation using generalized additive models', *J. Hydrol.* **364**, 285–297.

[Vrac et al. (2007)]   Vrac, M., Marbaix, P., Paillard, D. & Naveau, P. (2007), 'Non-linear statistical downscaling of present and LGM precipitation and temperatures over Europe', *Clim. Past* **3**, 669–692.

[Wang & Chang (1990)] Wang, J. & Chang, L. (1990), 'Retrieval of water vapor profiles from microwave radiometric measurements near 90 and 183 ghz', *Journal of Applied Meteorology* **29**, 1005–1013.

[Wang et al. (1983)]   Wang, J., King, J., Wilheit, T. & Szejwach, G. (1983), 'Profiling atmospheric water vapor by microwave radiometry', *J. Appl. Meteor.* **22**, 779–788.

[Wang & Zhang (2008)] Wang, J. & Zhang, L. (2008), 'Systematic errors in global radiosonde precipitable water data from comparisons with ground-based gps measurements', *Journal of Climate* **21**, 2218–2238.

[Waters et al. (2006)]   Waters, J., Froidevaux, L., Harwood, R., Jarnot, R., Pickett, H., Read, W., Siegel, P., Cofield, R., Filipiak, M., Flower, D., Holden, J., Lau, G., Livesey, N., Manney, G., Pumphrey, H., Santee, M., Wu, D., Cuddy, D., Lay, R., Loo, M., Perun, V., Schwartz, M., Stek, P., Thurstans, R., Boyles, M., Chandra, K., Chavez, M., Chen, G.-S., Chudasama, B., Dodge, R., Fuller, R., Girard, M., Jiang, J., Jiang, Y., Knosp, B., LaBelle, R., Lam, J., Lee, K., Miller, D., Oswald, J., Patel, N., Pukala, D., Quintero, O., Scaff, D., Snyder, W. V., Tope, M., Wagner, P. & Walch, M. (2006), 'The earth observing system microwave limb sounder (eos mls) on the aura satellite', *IEEE Transactions on Geoscience and Remote Sensing* **44**.

[Weng et al. (2003)]   Weng, F., Zhao, L., Ferraro, R. R., Poe, G., Li, X. & Grody, N. C. (2003), 'Advanced microwave sounding unit cloud and precipitation algorithms', *Radio Science* **38**(4). http://dx.doi.org/10.1029/2002RS002679

[Wexler (1965)] Wexler, A. (1965), *Humidity and Moisture: Applications. EJ Amdur*, Vol. 2, Reinhold Pub. Corp.

[Wilheit & Al-Khalaf (1994)]   Wilheit, T. & Al-Khalaf, A. (1994), 'A simplified interpretation of the radiances from the ssm/t-2', *Meteorology and Atmosphere Physic* **54**, 897–904.

[Wood (2004)]   Wood, S. (2004), 'Stable and efficient multiple smoothing parameter estimation for generalized additive models', *J. Am. Statist. Assoc.* **99**, 673–686.

[Wood (2006)]   Wood, S. (2006), *Generalized Additive Models, an Introduction with R*, Chapman & Hall/CRC.

[Wun-Hua et al. (2006)] Wun-Hua, C., Jen-Ying, S. & Soushan, W. (2006), 'Comparison of support-vector machines and back propagation neural networks in forecasting the six major asian stock', *Inderscience Enterprises Ltd* **1**, 49–67.

www.ingramcontent.com/pod-product-compliance
Lightning Source LLC
Chambersburg PA
CBHW021116210326
41598CB00017B/1464